舌尖上的四季菜

夏志强/编著

U0226479

经济管理出版社
ECONOMY & MANAGEMENT PUBLISHING HOUSE

图书在版编目（CIP）数据

舌尖上的四季菜——夏的菜 / 夏志强编著 . —北京：经济管理出版社，2013.5
ISBN 978-7-5096-2412-8

Ⅰ . ①舌…　Ⅱ . ①夏…　Ⅲ . ①保健—菜谱　Ⅳ . ① TS972.161

中国版本图书馆 CIP 数据核字（2013）第 068381 号

组稿编辑：张　马
责任编辑：张　马
责任印制：黄　铄
责任校对：超　凡

出版发行：经济管理出版社
　　　　　（北京市海淀区北蜂窝 8 号中雅大厦 A 座 11 层　100038）
网　　址：www.E-mp.com.cn
电　　话：(010)51915602
印　　刷：北京鲁汇荣彩印刷有限公司
经　　销：新华书店
开　　本：787mm×1092mm/16
印　　张：12.75
字　　数：120 千字
版　　次：2013 年 6 月第 1 版　2013 年 6 月第 1 次印刷
书　　号：ISBN 978-7-5096-2412-8
定　　价：28.00 元

目 录

第一节　夏季最合时宜的家常菜谱

第二节　常吃咸菜的做法

第三节　夏季饮食卫生

第四节　食材及烹饪常识

第一节 夏季最合时宜的家常菜谱

水晶虾仁

【材料】

鲜虾仁 25 粒，香菜叶 15 片，大蒜 5 克，葱白 8 克，肉皮 400 克，干淀粉 7 克，蛋清 2 个，料酒 5 克，精盐、味精、麻油、大料、花椒、葱段、姜片各适量。

【做法】

1．将虾仁洗净，控干水分，蛋清、淀粉和精盐搅拌均匀，给虾仁挂糊，放入开水中烫熟，捞出晾凉待用。

2．大蒜去皮洗净剁成粒状；葱白洗净切丝；猪肉皮刮洗干净，入沸水焯去血污腥臊，切碎；大料、花椒、葱段、姜片用干净纱布包好做成料包。

3．猪皮入锅，加适量清水，放入料酒和料包，旺火开过，小火慢炖，将汁液熬稠。

4．将锅内的猪皮羹少量倒在小盘子里，猪皮羹上面平铺香菜叶，香菜叶上面放虾仁，再浇一层猪皮羹，一共用五六个小盘子即可。

5．将盘子放冰箱，猪肉羹冷却凝固，放上葱丝、香菜叶，淋上麻油、食醋和蒜泥即可。

荷叶凤脯

【材料】

精鸡肉 500 克，鸡油 50 克，鲜蘑菇 100 克，火腿适量，鲜荷叶 4 张，食盐 6 克，白糖 5 克，味精 5 克，麻油 10 克，料酒、胡椒粉、姜片、葱段适量，玉米粉 25 克。

【做法】

1．鸡肉洗净切薄片，火腿切成片。

2．荷叶去掉蒂梗洗净，放入开水焯一下捞起，切成三角形状。

3．蘑菇入沸水焯透，捞出来切成薄片，凉后待用。

4．鸡肉片和蘑菇片一起放入盆中，用玉米面、鸡肉和上述调味品搅拌均匀。将调好的糊按照包饺子的手法，取少量放入荷叶片，每个荷叶片加上一片火腿，包成长方形的包子，放在盘子里到箅子上蒸两个小时即可食用。

1

小贴士

此道菜营养丰富，酸甜适口，具有消暑解渴的作用，为盛夏开胃佳品。

1．番茄的营养价值很高，特别是富含维生素C。据最新研究显示，熟吃番茄的营养价值要高于生吃番茄，虽然加热过程会导致番茄中维生素C的含量减少，但番茄中的番茄红素和其他抗氧化剂含量却会显著上升。而番茄红素是一种抗氧化剂，这种抗氧化剂能延缓人的衰老，对预防心脏病和癌症起着非常重要的作用，番茄的皮中也含有大量的番茄红素，因此食用时最好不要把皮扔掉。

2．番茄既可做菜也可以当水果食用，是大众化的食品，价格相对便宜，而且也好保存，其中很多以番茄为主料的菜肴制作起来也很方便快捷。

拔丝番茄

【材料】

番茄500克，鸡蛋1个，白糖150克，豆油700克，淀粉40克，面粉适量，熟芝麻少许。

【做法】

1．番茄用开水烫过，剥皮切块，撒上面粉调拌均匀；鸡蛋和淀粉在盆中调匀，给撒上面粉的番茄块挂糊。

2．油锅内放入豆油，旺火烧至七八成热时，将挂上鸡蛋糊的番茄块入油锅炸成浅黄色捞出。

3．将油锅内多余的豆油倒出来，留少许底油，加入白糖、清水适量，勺子不停搅拌，白糖受热融化，由浅黄色变成栗子色，表明糖已熬好，将炸好的番茄块放入糖锅翻炒，搅拌均匀，撒上熟芝麻再稍微搅动即可出锅装盘。

香辣五丝

【材料】

红、绿柿子椒各2个，香菇4朵，圆白菜250克，琼脂9克，精盐、味精、白糖、红辣椒（或辣椒粉）、麻油各少许。

【做法】

1．圆白菜清水浸泡后洗净切细丝；柿子椒去子去蒂，清水浸泡洗净切成细丝。

2．琼脂和香菇用温水泡发洗净，香菇切丝。

3．炒锅在火上烧热后放入麻油，油热后放入辣椒炸出辣味，备用。

4．白菜丝、柿子椒丝、香菇丝和琼脂一起放入碗内，加白糖、味精和精盐搅匀，倒入辣椒油搅拌即可。

炸脆鱼

【做法】

1．鲶鱼肉洗净，控干水分。

2．鲶鱼肉需要经过三道油炸程序：第一道，花生油八成热时，放入鲶鱼肉，用漏勺拨散，油炸三分钟捞出来；第二道，此时花生油温度降低，再烧至八成热，放入鲶鱼肉油炸一分钟；第三道，将火改小，小火将鲶鱼肉炸脆，装盘待用。

3．将油锅内的花生油倒出来，留少许，放入葱姜蒜炒香，放入白糖、酱油、食醋烧制成卤汁。

4．将炸好的鲶鱼肉倒入卤汁锅内，搅拌均匀，即可趁热食用。

【材料】

鲶鱼腹部肉 500 克，酱油 4 克，醋 30 克，绵白糖 70 克，葱沫、姜沫、蒜泥、黄酒各 10 克，花生油 1000 克（需耗 100 克）。

糖熘茄子盒

【材料】

猪肉 100 克，蛋清适量，素油 150 克，鲜嫩茄子 300 克，白糖 50 克，香醋、酱油各 10 克，精盐 5 克，面粉、淀粉适量，葱、姜、蒜各少许。

【做法】

1．茄子洗净去皮，夹刀切成合页块，葱姜蒜切沫，蛋清淀粉调糊。

2．猪肉洗净，开水焯去血污腥膜，剁成肉馅；肉馅内放入葱姜蒜沫，加酱油精盐搅拌均匀。

3．肉馅放进茄子合页片中，滚上面粉，在

小贴士

此道菜适合心脑血管患者食用，有很好的辅助疗效。

鸡蛋淀粉糊里面拌匀，入油锅炸熟，变成金黄色即可捞出。

4．炒锅内留少许热油，将葱蒜、食醋、白糖、酱油、食盐加适量清水，一起放入油锅熬成酸辣汁，浇在茄盒上即成。

凉拌豌豆尖

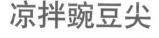

【做法】

1.豌豆尖洗净,胡萝卜切丝,调料兑成调味汁。

2.锅内水烧开滴几滴香油倒入豌豆尖焯30秒,捞出过凉白开,继续倒入胡萝卜丝也焯30秒捞出,过凉。

3.过凉的豌豆尖、胡萝卜丝沥干水分,倒入调味汁拌匀。

4.吃的时候撒上花生碎和熟芝麻即好。

【材料】

豌豆尖300克,胡萝卜100克,花生碎和熟芝麻1大勺,生抽1小勺,香醋1小勺,香油1小勺,盐1/4小勺,糖1/4小勺。

茄汁芹菜

【材料】

嫩芹菜1斤,茄汁2两,精盐2钱,食油1两,白醋1钱。

【做法】

1.选鲜嫩芹菜,摘去叶、根洗净,用刀把梗部顺直剖开,投入开水锅中,见水再开时捞出,沥水后切成一寸长的段,加入精盐、味精放盘内。

2.锅放炉火上,放入食油烧热,加入茄汁、白糖、醋和水适量,烧开后浇在芹菜上即成。

海带金针菇拌粉皮

香油15克,味精3克,白砂糖5克,姜20克。

【做法】

1．姜15克切丝,5克切片备用。

2．海带用清水泡大,用适量水烧沸,放入姜片,海带煮5分钟,捞出用清水洗净切丝。

3．黄瓜洗净去瓤切丝。

4．粉皮放滚水中洗一下控干水分,切粗条。

5．金针菇切根洗净,放滚水中焯熟捞出控干水分。

6．红辣椒洗净切丝。

7．将粉皮、黄瓜、海带、姜丝、金针菇放碗内加调料及红辣椒拌匀,撒上芝麻即成。

【材料】

粉皮750克,金针菇200克,黄瓜200克,辣椒(红、尖、干)10克,芝麻15克,海带(鲜)50克,生抽8克,

小技巧

1．此菜要求海参完整,所以在下刀时刀口不宜太深。

2．蒸海参时,把汤碗四周粘上胶布封严,使它保持原汁原味。

什锦海参

【材料】

海参(水浸)500克,鸡肉75克,肥膘肉75克,蟹肉75克,香菇(鲜)75克,莲藕75克,冬笋50克,干贝25克,火腿20克,淀粉8克,姜5克,小葱10克,酱油15克,盐5克,味精5克,胡椒粉5克,黄酒20克。

【做法】

1．先把整块海参的内面用刀切粗花,每刀距离1厘米,刀深度约为乌石参厚度的一半。

2．用锅下清水750毫升,加入黄酒15克、酱油10克、生姜2.5克、葱2.5克与海参同滚3分钟,捞起海参,锅里的姜、葱水倒去不用。

3．另放清水、排骨和火腿皮一齐滚熟捞起,

腐皮虾包

【材料】

鲜虾仁 400 克,肥膘肉 50 克,熟火腿 25 克,慈姑 50 克,鲜豌豆 75 克,莲白 25 克,干豆油皮 250 克,蛋清 50 克,豆粉 60 克,料酒 10 克,盐 3 克,胡椒粉 2 克,味精 1 克,白糖 10 克,醋 10 克,椒盐 20 克,清油 500 克,香油 20 克。

【做法】

1. 鲜虾仁洗净,沥干,切成细粒。

2. 肥膘肉、火腿、去皮慈姑、蘑菇分别切成细粒。

3. 鲜豌豆用开水氽后漂凉,去掉外皮,蛋清和干豆粉调成稀糊。

4. 把切好的肥膘肉、火腿、慈姑、蘑菇、豌豆末、虾仁一并入碗,加盐、料酒、胡椒粉、味精拌匀,再加入蛋清糊搅匀成馅心。

5. 干豆油皮用热纱布盖严回软后,切成约 8 厘米见方的片,共切 24 片。将每一片豆油皮平铺在案板上,放入馅心包成长方扁形,交口处抹上蛋清糊,再沾满细干豆粉。

6. 锅置火上下油烧热,下虾包炸呈黄色,捞起整齐地摆于盘内,淋上香油;将莲白切丝,加糖醋汁拌匀,摆于盘的一端,另配椒盐碟上桌即成。

过清水洗干净,放在海参上面。

4. 再加入生姜 2.5 克,生葱 2.5 克,味精、黄酒 5 克,精盐、上汤 200 毫升,然后放进蒸笼蒸约 1 小时。

5. 干贝洗净用小碗盛起加入上汤 50 毫升放入蒸笼蒸 20 分钟取出待用。

6. 用锅下沸水,把鸡丁、肥膘丁下湿生粉拌匀。

7. 将鸡丁、肥膘丁投入滚水,把鲜菇丁、鲜莲、笋花丁、火腿丁、蟹肉等一起泡熟倒入笊篱。

8. 海参从蒸笼里取出,捡去姜、葱、排骨、火腿皮等。

9. 倒出碗内的原海参汤不用,把干贝及泡好的什锦丁料倒入海参肚里。

10. 然后用大汤碗或大汤窝,把海参碗翻入大汤碗。

11. 用干净锅下上汤 1000 毫升,加入味精、精盐、酱油 5 克,汤稍滚去净汤沫,下少量胡椒粉。

12. 调味完毕,取起海参的扣碗,将整块海参朝上,后把上汤淋入海参即成。

【材料】

鸡油适量，嫩丝瓜和豆腐各200克，鸡汤750克，鸡蛋清和绍酒各2克，葱丝、姜丝各5克，淀粉10克，精盐5克，胡椒粉、味精各1克。

丝瓜豆腐羹

【做法】

1. 丝瓜温水浸泡洗净，切除两头，从中间切开切成柳叶片；豆腐切成细条；淀粉勾芡。

2. 豆腐条和丝瓜条滚水焯后捞出来，沥干水分。

3. 锅内注入鸡汤，放食盐、胡椒粉和绍酒，旺火开锅，将丝瓜条、豆腐条和葱丝、姜丝入锅。开锅后倒入淀粉芡，加味精、鸡油即可。

肉沫豆腐

【材料】

嫩豆腐，肉沫，骨头汤（或水），青椒、黄椒、青豆（点缀，也可不用），生粉，生抽，鸡精。

【做法】

1. 肉沫先用点生粉、生抽、鸡精抓匀，腌制一会儿。

2. 锅中热油，放入豆腐翻炒。

3. 倒入肉沫翻炒，再倒入高汤调味，即可。

腐乳通菜

【材料】

空心菜，红甜椒，腐乳，腐乳汁，盐，糖，鸡精，蒜沫。

【做法】

1. 准备好食材，空心菜适量，红甜椒半个，腐乳2块，蒜瓣5～6个。

2. 将空心菜洗净，切段备用；红甜椒洗净切丝；腐乳同腐乳汁一起搅碎；蒜切沫。

3. 炒锅加热，倒入适量食用油，将一半蒜沫放入煸炒出香。

4. 先放入菜梗大火翻炒均匀。

5. 再放入菜叶继续翻炒。

6. 将捣碎的腐乳连同汤汁一起倒入锅中。

7. 放入红椒丝翻炒均匀。

8. 加入少许盐、糖和鸡精调味，出锅前加入剩余的一般蒜沫翻匀即可（腐乳较咸，盐适量加或不加）。

肉沫皮蛋拌豆腐

【材料】

内酯豆腐1盒，皮蛋2个，猪肉馅约80克，生抽酱油1.5大勺，五香粉少许，鸡精适量，水淀粉适量，香菜末，葱姜沫。

【做法】

1. 用剪刀减去内酯豆腐盒的4个底边，这样处理可以很轻松地倒出完整的内酯豆腐。

2. 把内酯豆腐倒入盘中，沥出多余的水分，放微波炉大火加热1分钟（时间根据自家微波炉功率适当调整）备用。

3. 皮蛋剥壳后洗净，切成薄片或者小粒。

4. 把切好的皮蛋码在内酯豆腐上。

5. 炒锅倒油烧热，下葱姜沫、五香粉爆香，再放入肉馅炒熟。

6. 倒入生抽酱油，用量自己掌握。

7. 再放鸡精调味。

8. 用水淀粉勾芡。

9. 把做好的肉沫浇在内酯豆腐上。

10. 最后撒上香菜沫拌匀就行了。

小技巧

1. 肉馅事先用水淀粉和料酒腌制一下，做好的肉沫会很嫩；酱油可以稍微多一点，这样豆腐才能入味。

2. 皮蛋拌豆腐是一般家庭餐桌常见的一道家常菜，在夏天，大多数都是把冰镇过的内酯豆腐和皮蛋放在一起，然后加盐、鸡精、香菜末、葱沫拌匀，夏天吃特别爽口。

小炒佛手瓜

【材料】

佛手瓜，胡萝卜，瘦肉，生粉，料酒，生抽，盐，香油。

【做法】

1．佛手瓜、胡萝卜切片。

2．瘦肉切成小片。

3．在瘦肉里放入生粉和料酒抓匀后腌制15分钟。

4．热锅冷油下佛手瓜片和胡萝卜片。

5．半分钟后加入肉片翻炒。

6．放点生抽。

7．勾薄芡，点上香油就就可以出锅了。

小贴士

1．炒菜要热锅冷油，因为热锅冷油后直接下菜，油温不高，没有致癌物质挥发，但是由于锅的温度很高，所以菜炒出来照样好吃。

2．炒菜时放点生抽可以收到意想不到的结果，菜会更入味、更鲜美，但是生抽，不是用来上色的老抽。

3．在最后勾个薄芡，一来可以更好地保护菜里的维生素，二来菜的色泽和味道大幅提升；

4．炒蔬菜要大火快炒，一来让蔬菜保持口感，二来可以让其营养不流失，一举两得。

5．炒蔬菜加点肉片可以非常好的给蔬菜加味，蔬菜带着肉香，减肥的人不吃肉吃蔬菜照样觉得有肉香味。

6．香油是画龙点睛之笔，给菜提色、增香。

酸辣土豆丝

【材料】

土豆400克，青椒1个，红干椒4个，花椒5克，大蒜4瓣，盐5克，醋1汤匙（15毫升）。

【做法】

1．土豆去皮后，切丝，泡冷水中；青椒、红干椒切丝备用。

2．锅中放油，倒入花椒。

3．炸出香味后，取出花椒。

4．倒入干椒丝、大蒜沫，爆香后倒入土豆丝，加点水，不然会沾锅。

5．倒入青椒丝，再倒入白醋和盐，关火即可。

糖醋圆白菜

【做法】

1.圆白菜洗净切成块；用白糖、醋、精盐、淀粉和适量清水，调成糖醋汁。

2.炒锅放到火上，倒入色拉油烧热，放入圆白菜翻炒，再倒入糖醋汁，翻炒拌匀，见汁粘在菜上即可。

【材料】

圆白菜300克，色拉油20克，白糖、醋各8克，淀粉4克，精盐2克。

番茄炒鸡蛋

【做法】

1.将番茄洗净去皮，切成小块，鸡蛋打散，加盐搅匀备用。

2.炒锅内倒油烧热，放入蛋液，炒至凝结成块，盛出备用。

3.炒锅置大火上，倒油烧热，将番茄倒入锅中，大火炒至出汁时加入盐、胡椒粉炒匀，然后放入炒好的鸡蛋翻炒均匀即可。

【材料】

番茄300克，鸡蛋2个，胡椒粉、植物油、盐各适量。

清炖鸡

【材料】

老母鸡1只（约重1500克），熟春笋片50克，水发冬菇25克，火腿50克，黄酒10克，精盐3克，葱结15克，姜片8克。

【做法】

1.鸡宰杀后，清水洗净，斩去鸡爪，沿脊骨处剖开，取出五脏，挤去鸡心内淤血，剖鸡胗，除去污物，撕去肫皮，用精盐擦洗。随后将鸡及胗、肝、心入清水洗净，一起放在沸水锅内烫约半分钟，捞出洗净。再将鸡油漂清洗净。

2.沙锅上火，放竹算垫底，将鸡（腹朝下）、鸡油、胗、肝、心、火腿一起放入，加清水淹没鸡身，再加入黄酒、葱结、姜片，用一圆盘压住鸡，盖上盖，置中火上烧沸，撇去浮沫，改微火焖约3小时，直至酥烂，揭去盖，取出圆盘、竹算、葱结、姜片，捞出肫、肝、心、火腿，并分别切成片。

3.将锅内的鸡翻身（腹朝上），加精盐，随后将笋片、冬菇片、火腿片、胗片、肝片、鸡心片相间铺在鸡身上，盖上盖，上中火烧沸离火即成。

蒜油烧茄子

【材料】

长茄，青椒，红甜椒，大蒜（独头蒜最好），蚝油，白糖，盐，葱，水淀粉。

【做法】

1.蒜切厚片，用加了盐的水冲洗、控水；青、红椒洗净切成块；葱切段。

2.茄子洗净去蒂，切成滚刀块，加少许盐腌制后，撒少量面粉颠匀。

3.将锅入多油，四五成热时下入蒜片炸成金黄、酥脆后捞出备用。

4.下入青、红椒快速滑至八分熟捞出控油。

5.锅留底油，下入葱花煸香，加蚝油、料酒、白糖、盐、水烧开后，调入水淀粉并成稀薄稠状，倒入椒块、茄块快速翻炒挂匀汁，下蒜片炒匀即可。

蒜蓉丝瓜

【材料】

丝瓜，蒜，红椒，盐，味精。

【做法】

1．丝瓜去皮后洗净，切成块状，红椒切丝。

2．蒜切沫备用。

3．锅中放油，油热后放蒜沫爆香。

4．当蒜沫稍微变黄时，放入丝瓜片，翻炒，可以加一点清水，这样炒出来的丝瓜颜色会更好，口感也更嫩。

5．丝瓜炒熟时，加少许红椒丝点缀一下，加盐、味道搅拌均匀即可出锅。

小提示

1．炒丝瓜时加少量清水，炒出来的丝瓜更嫩些。

2．最好不要用铁锅炒，铁锅对颜色影响大。

盐水鸭胗炒青菜

【材料】

生盐水鸭胗1个，小青菜2棵，干辣椒适量。

【做法】

1．小青菜一片片叶子掰开来洗干净，切成段，把梗和叶分别放成2堆，沥干水分备用。

2．生盐水鸭胗洗去表面的浮盐。

3．把鸭胗切成薄片，转一个方向，再切成细条。切细条是为了更容易炒熟，而且容易出味道。

4．锅内放少许油，煸炒干辣椒直至冒烟。

5．放入鸭胗，快速炒散。

6．放入青菜菜梗，翻炒。

7．再放入菜叶，继续翻炒。

8．炒到菜叶变软，关火。

小贴士

1．青菜梗会比菜叶耐炒，所以需要先放入锅中。

2．鸭胗很咸，这道菜不需要额外放盐。

小技巧

1. 如果觉得给虾做造型有些麻烦，可以省略，直接把虾去虾肠、虾须、虾壳后摆在粉丝上就可以。

2. 在蒜沫里加一些姜，可以起到去腥提鲜的作用，如果害怕吃到姜，可以用姜片，蒸好之后把姜片拣出去就好，或者把姜捣成蓉再和蒜沫混在一起。

3. 如果家里没有蒸鱼豉油，可以用生抽、蚝油和白糖以 3：1：1 的比例来调制，当然，这个比例只是做参考用，可以根据自家的口味做适量的调整。

4. 最后淋的热油一定要烧到微微冒烟，这样才能激发出蒸鱼豉油和蒜沫的鲜香味。

小技巧

1. 如果没有麻辣火锅红油底料，也可以放油炒玉米后，增加辣酱的用量即可。

2. 建议选择辣酱比较浓稠且油分大一些的，汤底会比较浓郁。

3. 玉米建议选择甜玉米或者传统玉米，口感会更好。

4. 辣酱和红油锅底都有咸味，所以不用再单独放盐了。

蒜蓉粉丝蒸虾

【材料】

虾，粉丝，蒜，姜，蒸鱼豉油，食用油。

【做法】

1. 粉丝用温水泡软后沥水，用剪刀剪几下，铺在盘中。

2. 虾挑去虾肠，剪掉虾须，剥掉除虾尾以外的虾壳，用刀子将虾仁中间划开一个口，然后把虾尾从划好的口子里从下向上穿过来。

3. 把处理好的虾摆在粉丝上。

4. 蒜剥皮，和姜一起剁成末。蒜和姜的比例大约是 5：1。

5. 锅里倒少许油烧热，取一半的姜、蒜沫入锅炒至金黄色，和另外的姜、蒜沫拌匀。

6. 拌好的姜、蒜沫均匀的铺在虾上，再盖上保鲜膜，蒸锅加水烧开后，放入锅中大火蒸 6 分钟左右。

7. 出锅后淋 2～3 汤勺的蒸鱼豉油，再淋上烧至微微冒烟的热油即可。

香辣水煮玉米

【材料】

甜玉米 2 根，小葱 2 根，麻辣火锅红油底料 30 克，四川辣酱 15 克，生抽 15 毫升，干辣椒 20 个，葱、姜、蒜少许。

【做法】

1. 玉米去皮、去须洗净备用。2. 玉米先切成等大的段，然后把切好的玉米竖起来一分为四，或者一分为六。3. 切好的玉米备用。

4. 炒锅加热放入红油底料，葱、姜、蒜爆香锅底。5. 放入玉米翻炒均匀。6. 放入辣酱和生抽翻炒。7. 加入热水，水量微微没过玉米，再放入干辣椒同煮。8. 盖上锅盖，玉米煮熟、煮软即可，出锅后撒上葱花食用。

银芽黄瓜拌鸡丝

【做法】

1. 半块鸡胸肉按纹理撕成块，放入冷水锅中加入少许料酒大火煮开转中火煮5分钟熟后捞出。

2. 将鸡胸肉顺着纹路用手撕成丝，胡萝卜切丝、黄瓜切丝，绿豆芽摘去两头，蒜切沫，葱切花，锅中放水烧开后先放入胡萝卜丝略煮10秒再放入绿豆芽一起煮至略变软。

3. 煮好的胡萝卜丝和绿豆芽过冷水冲凉挤干水分，依次加入黄瓜丝和鸡胸肉，另取1个碗依次放入所有调料及蒜沫、葱沫，拌匀浇在拌好的鸡丝上即可。

【材料】

鸡胸肉半块，黄瓜半根，胡萝卜半根，绿豆芽1把，蒜半瓣，葱半根，鲜味酱油2汤匙，米醋半汤匙，糖半汤匙，香油适量。

冰镇麻辣黄瓜

【材料】

嫩黄瓜500克，干红辣椒10克，鲜姜5克，花椒15克，麻油25克，白糖5克，醋15克，精盐4克。

【做法】

1. 鲜嫩黄瓜用刷子刷洗干净，切成6厘米长的段，然后用精盐腌一下，沥干水分放入盆里。

2. 干红辣椒用温水泡一下，去蒂去子，切成细丝；姜洗净，去皮，切成细丝。

3. 炒锅置于火上，放入麻油烧热，下入花椒炸香，捞出花椒，然后放入干红辣椒丝，炸至油变红后，放入姜丝稍炸，一起倒入碗中。

4. 净炒锅置于火上，加入醋、白糖，熬成浓稠糖醋汁，倒入碗中晾凉。

5. 将炸好的辣椒、姜丝油和糖醋汁一起淋到黄瓜上，拌和均匀，放入冰箱中冰镇2个小时，取出装盘即可。

山东虾油小黄瓜

【做法】

1. 6月开始制作。用10厘米长、顶花带刺、质嫩色正、无大头嘴、条匀的小黄瓜,每10千克用盐3千克,虾油7.5千克。

2. 腌制时分层放盐,第1次用盐50%,第2天倒缸用盐50%,隔3天再倒1次,将盐调成22波美度,沉淀澄清入缸,不能暴晒,盐水要淹住黄瓜。

3. 9月将咸坯用清水浸泡脱盐,捞出沥水,再灌虾油淹3天后倒缸1次,3天后即可食用。

【材料】

鲜小黄瓜1公斤,食盐3克,虾油7.5克,虾油(以小满前虾卤晒的油为佳)。

酱味烧茄子

【材料】

茄子3根,肉馅100克,西红柿1个,尖椒2根,黄酒1勺,生抽1勺,白胡椒粉少许,甜面酱1大勺,豆瓣酱1大勺,蚝油1大勺,盐1小勺,糖1勺,葱、姜沫1大勺,蒜五六瓣。

【做法】

1. 茄子洗净切滚刀块,肉馅加入黄酒、适量白胡椒粉、生抽,拌匀备用。

2. 锅内宽油下入茄子。

3. 炸至变软熟透边缘变黄后盛出沥干余油。

4. 葱、姜、蒜切沫,青椒、西红柿切块备用。

5. 锅内热油,下入葱、姜沫爆香后加入肉馅炒散。

6. 加入豆瓣酱、甜面酱、蚝油炒香。

7. 下入茄子、尖椒、西红柿快速炒匀。

8. 加入盐、糖调味后,翻炒均匀撒入蒜沫即可。

小技巧

1. 从吃油多少的角度来讲,长茄子相对吃油较少,口感偏嫩,适合短时间的炒制,而圆茄子吃油多些,适合时间长些的制作。

2. 用油煎好的茄子用漏网控干余油,沥出的油可以留着炒菜(但是最好当天用完,尤其在夏季)。

3. 制作时搭配一些尖椒、西红柿,可以达到清口开胃的作用。

小技巧

1．这是一道口味清淡的家常素菜，原料简单，做法也方便，很适合在夏季食用。

2．丝瓜有清凉、利尿、解毒等功效，蘑菇除了营养丰富外，内含的粗纤维对排毒、减肥都有很好的帮助。

3．给丝瓜去皮时，只要轻轻刮去外皮即可，不要过多的刮掉丝瓜肉。通常用边缘锋利的筷子刮丝瓜皮，或者用粗糙点的洗碗布擦掉外皮。

4．蘑菇可以选择自己喜欢的种类，我们在市场上见到的各种新鲜蘑菇，都适合用来做这道菜，比如香菇、保龄菇、牛肝菌、金针菇等都可以，完全看你自己的喜好和菜市场能买到的品种。

5．做这道菜前，各种蘑菇都要先焯烫，再炒制，直接炒的话，各种蘑菇的成熟时间不一样，外形、口感、颜色都会有损失。

小贴士

为了让萝卜爽脆无腥辣味，在加入萝卜片时加半勺西班牙橄榄油，使用量大概相当于平时用其他油量的 1/3 就可以，因为橄榄油遇热会膨胀，油香味更易浸入萝卜片中，菜炒熟的时候，油的总体积量相当于生油时的两倍多，所以从这个角度讲，可以减少脂肪摄入量，而菜的香味却不会减少，反倒浓郁芳香，没有腥辣味和油腻感，普通的萝卜片也可以吃得更健康。

杂菌炒丝瓜

【材料】

丝瓜 1 根，口蘑 5 朵，蟹味菇 1 盒，草菇 6 朵，姜 1 片，蒜 2 瓣，盐 1/2 茶匙（3 克），生抽 1 茶匙（5 毫升），糖 1/4 茶匙（1 克），水淀粉 1 汤匙（15 毫升）。

【做法】

1．丝瓜去皮后切成 4 厘米长的条，蟹味菇去掉根部摘开，草菇去掉底部的硬结，切 4 瓣。口蘑切 2 毫米厚的片。姜去皮切细丝，大蒜去皮切薄片备用。

2．锅中倒入清水，大火烧开后，放盐 1 克，放入所有蘑菇炒烫 1 分钟，然后再放入丝瓜条焯烫 20 秒捞出，用冷水冲一遍，充分沥干水分备用。

3．锅加热倒入油，大火加热，待油温五成热时，放入姜丝，蒜片爆出香味，调成中火，放入沥干后的所有蘑菇和丝瓜条，加入盐、生抽和糖，翻炒均匀。

4．最后，临出锅时转成大火，淋入水淀粉勾芡即可。

茄汁牛肉萝卜片

【材料】

牛肉 400 克，白萝卜 400 克，西班牙橄榄油 1 勺，番茄酱 100 克，八角、盐、胡椒粉适量。

【做法】

1．准备原料。

2．热锅，倒入半勺橄榄油，加八角爆香，再加入牛肉片翻炒。

3．待牛肉片变白，倒入番茄酱炒匀。

4．加入萝卜片，再加入半勺橄榄油，翻炒到萝卜熟透，加入盐、胡椒粉调味即可。

小技巧

1．选红薯凉粉最好，黏性大，不易散。

2．凉粉禁炸，油温要适当高一点。

3．炸凉粉的时间可长可短，吃外表脆的，就炸 3 分钟以上。

炒凉粉

【材料】

凉粉块 600 克，葱姜蒜；红绿椒均适量，酱油 1／2 汤匙，辣酱 1 茶匙，盐、鸡精适量。

【做法】

1．凉粉切成 1～2 厘米的大块，葱姜蒜切片，青红椒切小圈。

2．锅中倒入宽油，一定要等油略冒青烟后，下入凉粉，最好炸 3 分钟左右。

3．捞出凉粉看看，以不吸油为准。

4．锅中爆香葱姜蒜片，青红椒圈后，调入酱油，辣酱，盐，鸡精。

5．倒入凉粉，炒匀即可出锅。

小技巧

1．鸡胗一定要选用新鲜的。

2．鸡胗内膜和外层的筋膜、油脂一定要彻底清除干净，并用流水反复冲洗。

3．鸡胗焯水和焯水后清洗也是为了很好地去除异味。

4．用高压锅压制鸡胗的时候，添加葱姜、花椒、大料和料酒，也可以有效去腥提香。

5．鸡胗切片越薄越入味。

麻油香拌鸡胗

【材料】

鸡胗 400 克，葱 3 段，姜 3 片，香菜 1 棵，花椒 20 粒，大料 1 个，熟芝麻少许，料酒、盐、生抽、糖、香醋和香油适量。

【做法】

1．鸡胗清洗干净，入开水中焯一下，变色后捞出，温水冲洗掉表面的杂质。

2．葱切段，姜切片，八角和花椒冲洗干净。

3．鸡胗入高压锅，添加没过的水，葱姜、花椒、八角、盐和料酒，上汽后小火继续压 5 分钟。

4．关火，自然排气后，取出晾凉，切成薄片。

5．葱和香菜切碎。

6．以上原料混合，添加生抽、糖、香醋和香油拌匀，撒上葱花、香菜和熟芝麻即可。

小贴士

魔芋富含食物纤维、多种氨基酸和微量元素，对消化道、心脑血管系统疾病、痔疮、减肥、养颜等都有显著功效。

一可清洁肠胃，帮助消化，防治消化系统疾病；二可降低胆固醇，防治高血压；三可防治肥胖，延年益寿；四可防治糖尿病。

小技巧

1. 切花刀的时候，千万不要切断，否则前功尽弃，不熟练的底下垫筷子。

2. 茄子要事先用盐腌制一下，用盐腌茄子可以杀出茄子的黑水，让茄子口感更入味，也能让茄子变软，容易操作。

3. 油热后先爆香大蒜然后再煎茄子，这样茄子就会有蒜香，茄子和大蒜天生是绝配。

4. 最后一定要焖10分钟，这10分钟可以让茄子更软烂、更入味。

香辣红萝卜魔芋丝

【材料】

魔芋丝，海带丝，小萝卜，李锦记风味豆豉酱或老干妈辣酱，红油，香醋，香菜，麻油，盐，白糖，蒜，鲜酱油。

【做法】

1. 海带（鲜的）飞水后，用冰水浸泡至凉透，捞出控水备用。

2. 魔芋丝用开水稍煮一下，过凉备用。

3. 蒜切碎，香菜切碎，小萝卜切小丁。

4. 取一小碗，加豆豉酱、红油等调料拌匀，与食材拌匀即可食用。

蓑衣茄子

【材料】

茄子两根，胡萝卜半根，青辣椒1个，大蒜，葱姜，蚝油，盐，老抽，味极鲜，糖，油。

【做法】

1. 茄子洗净，一面茄子上，以45度斜角切下，但是不要切断。

2. 切完一面后，翻面再切另一面（注意的是，茄子的头尾位置倒换了，然后以同样的手法切花刀）。

3. 切好的茄子放入小盆中，撒1小勺盐腌制10分钟，胡萝卜和青辣椒切成小粒，葱、姜、蒜切沫，1小勺老抽、1小勺味极鲜、1小勺蚝油、1小勺糖、半小勺盐、1大勺水调成料汁。

4. 腌好的茄子会变得很软，也杀出很多黑水，用清水冲洗下捞出沥干。

5. 锅里放1大勺油，油热后爆香蒜沫，然后将茄子下锅煎，一面煎好后翻面再煎，小火慢慢煎，等到茄子完全变软后，将料汁下入锅中，加入胡萝卜、青椒、葱、姜等，盖锅盖小火慢慢烧，等到汤汁完全收干后关火，焖10分钟即可。

冬瓜焖鸭

【材料】

冬瓜，鸭子半只，青红椒，生抽，老抽，料酒，姜，葱，八角，花椒，桂皮，丁香，陈皮。

【做法】

1.将鸭肉洗净沥干，斩成块；冬瓜去皮洗净，切成约2厘米厚的方块；生姜切片，葱切段，青红椒切块。

2.锅内放入适量水，凉水放入鸭块，加入几片生姜与葱段，再放入少许料酒，焯烫至鸭块变色后捞出，用清水冲，洗净表面的血沫，沥干水分。

3.热锅内放入少许油，放入鸭块，炒至鸭块变色出油。

小提示

1.喜欢辣味的，可以放些干红椒。

2.炒鸭肉时要少放油，中小火慢慢翻炒至鸭肉收缩出油。

3.青红椒是为了点缀一下，家里没有就可以不放。

4.放入姜、葱、八角、花椒、桂皮、丁香、陈皮等调味料翻炒。

5.放入料酒、老抽、生抽，炒匀上色。

6.加入没过锅中鸭块的热水，盖上锅盖，大火烧开后转中小火煮至锅内只剩1/3时放入冬瓜，加盐，翻炒均匀后，小火焖至冬瓜熟。

7.再加入青红椒块，大火翻炒时青红椒块熟即可。

虾仁黄瓜沙拉

【材料】

海虾500克，黄瓜1根，红椒半个，玉米油2大匙，食盐1小匙，蛋清1/2个，沙拉酱1大匙。

【做法】

1.将虾清洗干净，剥壳。

2.将虾线用牙签挑掉。

3.将处理干净的虾仁控干水分，加入1小匙盐和1/2个蛋清用手抓匀。

4.热锅，倒入2大匙玉米油，转中火，将虾仁倒入锅内，熟后捞出。

5.黄瓜和红椒洗净切成小块。

6.将黄瓜丁、红椒丁和虾仁一起倒盆内，加入1大匙沙拉酱拌匀即可。

小技巧

1.黄瓜在准备上桌前再切开，这样会让黄瓜保持脆嫩的口感。

2.虾仁制作时，火要用中小火，这样做出的虾仁比较嫩。

3.沙拉酱的多少按自己的口味来调整，按需来放。

小技巧

1.莲藕有孔，如果横着切片，然后再切丝，就会很碎。所以去皮的莲藕，我们要顺着藕的孔洞切片，然后再切，就能切出丝了。

2.莲藕比较容易氧化变黑，切好的藕丝一定要放入清水中浸泡，这样可以隔绝空气，防止氧化变黑。另外，可以在浸泡过程中去除部分淀粉，炒好后口感比较脆。

3.干红辣椒丝很容易炒糊，所以，在煸辣椒丝时，一定要用很小的火，闻到香味后马上捞出，这时油的颜色变红，味道也很香。捞出辣椒丝的目的，是为了保持口感的酥脆，最后放回菜中，既好看，辣椒丝的口感也好吃。

香辣藕丝

【材料】

莲藕1节，香菜2根，干红辣椒丝1小把，姜1片，花椒20粒，盐1/2茶匙3克，生抽2茶匙10毫升，糖1/3茶匙3克，米醋2汤匙30毫升。

【做法】

1.莲藕去皮，顺着藕眼儿切成片，再改刀切成丝，泡入清水中防止氧化变黑。香菜去掉根部，去掉老叶切断备用。

2.锅烧热倒入油，待油温三成热时，放入干红辣椒丝，用小火慢慢将红辣椒丝煸香，然后捞出辣椒丝备用。锅中放入切好的姜丝、花椒，煸出香味后，放入藕丝，中火炒2分钟。

3.烹入醋，加盐、生抽、糖，倒少量清水（30毫升）炒1分钟，然后放入香菜段，和之前煸香过的辣椒丝炒匀即可。

油泼腐竹

【材料】

腐竹，黄瓜，熟黑芝麻，干辣椒，生抽，味精，花椒，白糖，醋，精盐，香油，食用油。

【做法】

1.腐竹洗净泡胀用开水焯一下，捞出沥干水分，切段；黄瓜洗净切成菱形片，将两种食材放入容器中，加生抽、味精、白糖、精盐、醋、香油腌一小会儿。

2.撒上黑芝麻拌匀。

3.把拌好的腐竹盛盘。

4.干辣椒切成小圈。

5.上炒锅将油放入锅内，待热至七八成时，下入花椒、干辣椒，炒香关火。

6.将锅内的热油淋在拌好的腐竹上面即可。

蒜泥咸肉

【做法】

1.咸肉洗净，切薄片。切好的肉片摆盘。

2.盘内倒入适量的料酒，放入蒸锅内，蒸15分钟，至熟。

3.胡萝卜洗净，切圆片，用牙签做成花朵状。

4.蒸好的咸肉，取出后倒掉盘内的水，以胡萝卜花装饰，撒上适量的葱花。

5.大蒜去皮，洗净后剁碎。

6.取一只小碗，加入蒜泥、生抽、陈醋、香油、油辣椒（因为咸肉本身已经比较咸了，所以不加盐）。

7.食用时，蘸取拌好的蘸料（或把蘸料倒在咸肉上）。

【材料】

腌咸肉，胡萝卜，大蒜，生抽，陈醋，油辣椒，料酒，葱花，香油。

彩椒麻油北极虾

【材料】

北极虾500克，彩椒3个，麻油2大勺，盐半茶匙。

【做法】

1.烧热锅，加入麻油爆香，放入北极虾旺火翻炒3分钟。

2.加入彩椒块，继续旺火翻炒2分钟。

3.加半茶匙盐调味出锅即可。

小技巧

1. 选用肥肉多一点的五花肉，这样做出来的五花肉一点也不腻，肥肉多点更好吃。

2. 水里加姜片和花椒煮开，可以去除肉腥味。

3. 肉片煮好之后一定要控净水，这样拌出来的肉才好吃。

4. 做法 5 里说的勺就是喝汤用的白瓷勺。这个配料的分量不是固定的，可以根据个人口味来做适当的调整。

口水五花肉

【材料】

五花肉，姜，蒜，葱，香菜，花椒，麻（椒）油，辣椒油，白糖，生抽，醋，蚝油。

【做法】

1. 五花肉切成薄片，肉皮可以不去掉，带着肉皮一起吃很筋道，五花肉的厚度在 3 毫米左右。

2. 姜、蒜切沫，葱斜切，香菜切段。

3. 锅里加清水，加姜片和花椒粒大火煮开。

4. 五花肉入锅后煮至锅里的水再次烧开，拣去姜片和花椒粒，肉片捞出控净水。

5. 取一个大点的容器，放入控净水的五花肉，再放入 1 勺麻油、1 勺蚝油、1 勺生抽、1/2 勺醋、1/2 勺白糖和 1 勺辣椒油，根据个人口味轻重加适量的盐；最后加入切好的葱、姜、蒜、香菜，拌匀即可；如果有时间，可放冰箱冷藏 20 分钟左右。

蔬菜冻派

【材料】

高丽菜 3～4 片，茄子 2 根，黄甜椒 1 个，节瓜 1 根，洋葱 1/2 个，小番茄 10 个，大蒜 1 瓣，培根 50 克，橄榄油 1 大匙，高汤块 1 个，水 100 毫升，盐、黑胡椒适量，吉利丁片 6 片。

【做法】

1. 氽烫高丽菜，并用厨房纸巾擦干净表面水分。

2. 将蔬菜洗净后，茄子切成长条状、节瓜切片、洋葱切成月牙状后，再横向对切，甜椒去子切成长条状，小番茄去蒂、大蒜切碎，培根切成小丁，备用。

3. 在较大的平底煎锅内加热橄榄油，加入做法 2 的食材，拌炒至蔬菜变软后，加水及高汤块，盖上锅盖炖煮。

4. 当茄子和节瓜变软后，加入泡软后的吉利丁片，再次加热至沸腾，放入盐、黑胡椒调味，混合拌匀全部材料后，放置使其降温。

小技巧

1. 西葫芦做菜时,最好将里面的内瓤刮出丢掉,因为软塌的带子内瓤会影响西葫芦的脆嫩口感。

2. 如果不能吃辣,可以不用将干辣椒剪开,直接整个炝炒,辣味会减轻很多。

3. 在炝香干辣椒和花椒的时候,火候不要太大,如果烧糊了的话,会影响整道菜的口味,使整道菜都带有明显的糊味。

4. 在此菜炒好出锅时,锅底可能会有一些西葫芦释出的水分,将其倒掉就好,不要倒入装盘的西葫芦里,否则就成汤泡菜了。

炝炒西葫芦

【材料】

西葫芦,干辣椒,花椒,盐,糖。

【做法】

1. 西葫芦洗净后,对半剖开,用勺子刮出带子的内瓤丢掉不用,之后将处理好的西葫芦切片备用。

2. 干辣椒用剪刀对半剪开,将辣椒子丢掉不用。

3. 油烧热后,放入花椒和干辣椒丝炝出香味,注意火不要太大,避免将辣椒炒糊。

4. 将西葫芦片放入锅中迅速炒匀,炒熟之后,调入盐、糖拌炒均匀,即可出锅。

蒜薹拌鱿鱼

【材料】

蒜薹 200 克,鱿鱼 1 条,盐、香油、料酒适量,味精、芥末油少许。

【做法】

1. 鱿鱼去掉内脏,撕去表皮一层膜,清洗干净,切成细条。

2. 入开水中焯烫一下,加点料酒,变色后马上捞出,冲凉,沥干水分。

5. 将做法 1 铺放在模型底部,接着用做法 4 的食材毫无空隙地填入模型,再倒入汤汁至完全掩盖住食材为止,重复这个动作,直至完全填满模型。

6. 将高丽菜叶片包裹般地覆盖,再覆上保鲜膜,放入冰箱中冰镇定型。

7. 分切后盛盘,可依个人口味撒上粗粒黑胡椒。

苦瓜炒鸡蛋

【材料】

苦瓜，鸡蛋，食用油，盐，鸡粉。

【做法】

1．苦瓜清洗干净后，从中间刨开，用勺子把带种子的瓤挖掉，里面的白色的瓤要尽量挖干净。

2．把苦瓜切成小条，放入开水锅中焯一下后，捞入冷水中过凉，然后捞出沥水。

3．鸡蛋在碗中打散后，放入油锅中炒熟盛出。

4．另起油锅，先放入焯过水的苦瓜炒匀后，再放入炒熟的鸡蛋翻炒，然后放入盐和鸡粉调味即可出锅。

小提示

1．挑选苦瓜的时候，选那种疙瘩颗粒大的，这样的苦瓜表示瓜肉厚。

2．苦瓜以翠绿色为佳，如果开始发黄则代表已经过熟，果肉不脆了。

3．切苦瓜的时候，要尽量把里面的白瓤去干净，炒之前，先用开水焯一下，这样可以减少苦味。

3．蒜薹清洗后切成寸段，入开水中焯烫，变色后捞出过凉，沥干水分备用。

4．蒜薹和鱿鱼混合，大蒜拍扁后剁成碎末，加入菜中。

5．添加盐、味精、香油调味，最后滴几滴芥末油，拌匀即可。

小技巧

1．海鲜要选择新鲜度高的才可以凉拌。

2．鱿鱼撕去表面的一层膜还有提前焯水，都可以有效去腥。

3．蒜薹焯水时加一点点盐和油，可令蒜薹的颜色翠绿，口感清脆。

4．鱿鱼焯水时间不宜过长，变色即可捞出过凉，否则会失去脆嫩的口感。

5．鱿鱼焯水时，水要宽，这样鱿鱼下锅后会迅速受热，而且均匀，口感好。

小贴士

入伏了，天热了，人渐渐失去了平常的好胃口。若是没食欲，您不妨尝试凉拌菜用芥末油来开胃。

芥末油是以黑芥子或者白芥子经榨取而得来的一种调味汁，具有强烈的刺激味。主要辣味成分是芥子油，其辣味强烈，可刺激唾液和胃液的分泌，有开胃的作用，能增强食欲，另外还有解毒、美容养颜等功效。夏季凉拌菜，最后滴几滴芥末油提味，吃一口，神清气爽，胃口大开，瞬间激发夏日委靡不振的食欲。

蜜瓜三文鱼

【材料】

哈密瓜 20 克，节瓜 20 克，三文鱼 3 片，砂糖 20 克，蛋黄一个，柠檬半颗，橄榄油、意大利陈醋、盐、白胡椒粉适量，虾夷葱少许，荷兰芹叶、炼乳适量。

【做法】

1. 哈密瓜、节瓜分别去皮，取果肉切成丁状，荷兰芹叶切成末。

2. 将做法 1 的食材放入盆内，挤入柠檬汁、炼乳拌匀。

3. 将三文鱼切成和节瓜一样大小的丁状，加入橄榄油、荷兰芹碎、盐、白胡椒粉、虾夷葱碎、蛋黄、意大利陈醋拌匀。

4. 取一个模具（比如茶缸），将做法 2 的材料先均匀填入模具中，位置到模具的一半，再加入做法 3 的材料填满模具，略压紧，取出模具即可。

温馨提示

快速解冻北极虾方法：从冰箱中取出冷冻野生北极虾，放入装有常温食用水的大盆中，用汤瓢轻轻搅拌 10～15 秒钟，使虾表面的冰霜融化，并使虾体吸收一部分水分，以便使冻虾还原到自然状态，然后再常温放置至完全解冻。解冻北极虾千万不要一直泡在水中，否则会影响肉质和口感。

北极甜虾水果色拉

【材料】

北极虾（生虾），火龙果，苹果，猕猴桃，色拉酱，芥末，柠檬汁，橄榄油。

【做法】

1. 北极虾解冻后，去头、剥壳保留尾部和最后一截虾壳。

2. 纯净水中加几滴柠檬汁，把剥好的北极虾放入水中，用筷子轻轻顺时针搅拌几圈。

3. 捞出北极虾仁，沥干水分。

4. 小碗中挤入色拉酱，加入一点芥末，拌匀。

5. 把所有水果去皮、去核切小丁，放入一个大碗中，同时放入北极虾仁。

6. 把混合好的色拉酱和所有材料拌匀，滴几滴柠檬汁，再放入一小勺橄榄油拌匀即可。

姜黄炝莲藕

【做法】

1. 莲藕刷去外皮，切成片，用加了盐的开水飞过，再用冰水泡上。

2. 姜洗净切丝，美人椒洗净切粒备用。

3. 净锅入麻油或橄榄油，小火入花椒粒煸香，加入一半的姜丝继续小火煸成姜油。

4. 冰好的莲藕控水后放入盘中，上面放上另一半姜丝和切成粒的美人椒，锅内的姜油开大火烧至八九成热，倒在姜丝和美人椒粒上。

5. 调入白糖、盐、麻油、米醋拌匀即可。

【材料】

莲藕，姜，美人椒，米醋，白糖，麻油或橄榄油，盐，花椒粒。

改良版宫保鸡丁

【材料】

鸡腿肉 150 克，花生仁 50 克，胡萝卜 20 克，青椒、红椒各 10 克，花椒 10 克，干红辣椒 10 克，白糖 20 克，清醋 15 克，酱油 15 克，蚝油、郫县豆瓣酱、料酒、精盐、水淀粉各适量，葱、姜、蒜共 50 克。

【做法】

1. 鸡腿一只冲洗干净，撕去外皮，剔除鸡腿骨，将油脂也尽量剔除。

2. 将剔下来的鸡腿肉切成稍大点的丁，用少许精盐、料酒、水淀粉浆上，加一点橄榄油拌匀备用。

3. 花生米用微波炉炸熟后备用。

4. 葱、姜、蒜切成末备用，胡萝卜、青椒、红椒分别切成丁。

5. 锅中注油烧热，放入花椒粒小火炸出香味，再放入干红辣椒炸至深红色，将花椒和干红辣椒都捞出来丢掉不要，这个动作要快，可将火力调至最小。

6. 放入姜、蒜沫大火爆香，将鸡丁下锅滑散，变色后加入少许郫县豆瓣酱炒出红油。

小贴士

菠菜中含有大量的草酸，会与钙结合成不溶性的沉淀。然而，这种说法没有看到问题的另一个方面，菠菜中也含有多种促进钙利用、减少钙排泄的因素，包括丰富的钾和镁，还有维生素K。

人们都知道，钙与酸碱平衡密切相关。在蛋白质类食品摄入过量时，酸碱平衡失衡，人体的钙排泄量就会增大。此时，如果能多吃一些绿叶蔬菜，如菠菜，就可以充分摄入钾和镁，帮助维持酸碱平衡，减少钙的排泄数量，对骨骼健康非常有益。100克菠菜中含钾达311毫克，含镁58毫克，在蔬菜中位居前茅，是红富士苹果钾含量的2.7倍，镁含量的11.6倍。有了菠菜中丰富的钾和镁，豆腐中的钙就能更好地留在人体。

菠菜豆腐汤

【材料】

菠菜 250 克，豆腐 250 克，水发海米 25 克，猪油 40 克，精盐、味精、酱油、麻油、葱姜丝适量。

【做法】

1. 将菠菜洗净切成 2 厘米长的段，豆腐切成长 4 厘米、宽 3 厘米、厚 1 厘米的长方块。

2. 锅内放油加热至四成热，放入豆腐块，煎至两面呈金黄色（不宜太深），加入清汤、海米、精盐、酱油、葱姜丝，汤开撇去浮沫，放入菠菜，见汤汁烧开、菠菜变绿色时，放入味精，淋麻油即成。

7. 放入胡萝卜稍炒，烹入用白糖、清醋、酱油、料酒、蚝油和水淀粉调好的汁。

8. 放入花生米炒匀后，将青椒丁和红椒丁放进去炒匀，撒入葱花炒匀出锅即可。

小技巧

1. 一定要用新鲜的鸡肉，冷冻鸡肉会失去相当多的水分，造成成品的干涩感，鸡腿肉最好，鸡胸次之。

2. 先给鸡肉上浆，可去腥、入味、嫩滑，适用于各种肉类。

3. 加一点橄榄油或其他油拌匀，滑鸡丁的时候容易散还不粘锅。

4. 此道菜一定要用大火爆炒。

5. 胡萝卜、青椒丁、红椒丁可以不加，为了让小孩子多吃蔬菜，也是为了配色才放的。

6. 干红辣椒炸之前可以先切成段，若怕那样太辣，就整个放锅里，即便这样也很辣了。

7. 用此法可制宫保肉丁、宫保鲜贝丁、宫保豆腐丁等。

传统的宫保鸡丁做法是只用鸡丁和花生米，后来人们赋予了它更多的内容，使这道菜变得更有营养和赏心悦目，比如加点胡萝卜丁、黄瓜丁及青椒、红椒，这样改良后的宫保鸡丁更加诱惑人了。

翡翠白玉卷

【材料】

荠菜，豆皮 N 张（视豆皮大小而定），盐，白糖，香油，熟芝麻。

【做法】

1.荠菜择干净，摘去烂叶和黄叶，根部最好保留，因为根部营养最丰富。

2.择好的荠菜在淘米水中浸泡半个小时到 1个小时。

3.清洗过三遍的荠菜放入沸水中焯至变色，迅速捞起过凉水。

4.荠菜挤掉水分，切碎。

5.在荠菜碎中拌入少许盐、白糖、香油和熟芝麻，拌匀备用。

小贴士

野菜一般都要焯一下，防止引起腹泻、呕吐、过敏等。炒熟的豆皮要浸泡在冷开水中，包的时候再捞起沥一下水分，如果暴露在空气中，容易变干，卖相不好，也影响口感。

6.豆皮洗净，切成 8 厘米左右的正方形，在锅中汆熟，不要煮太久，否则容易破掉，捞出浸泡在冷开水中。

7.取一块豆皮，均匀地抹上荠菜碎，两头留少许空隙，从一头卷起并卷紧；依次做好所有即可装盘。

黄金翡翠粒粒香

【材料】

玉米饼 2 个，豌豆 200 克，咸鸭蛋黄 4 个，盐、鸡精适量，植物油 500 克（实耗约 50 克），干淀粉、葱沫适量。

【做法】

1.将咸鸭蛋黄蒸熟，然后加少许清水碾成泥备用。

2.玉米饼切成 1 厘米见方的粒；豌豆洗净，用适量干淀粉拌匀（防止在炸的过程中溅油，沾了干淀粉后豌豆表面较粗糙，更容易使咸鸭蛋黄包裹住豌豆，这样比较入味）。

3.锅中倒入植物油，烧至八成热，将玉米饼粒放入油锅中炸至表面变色，捞出，沥油。

4.再将豌豆粒放入油锅中略炸（约半分钟即可），捞出，沥油备用。

5.炒锅中倒入 2 大勺植物油，下葱沫爆香，再下咸鸭蛋黄炒散，然后将炸好的玉米饼粒和豌豆粒倒入锅中翻炒，均匀地裹上咸鸭蛋黄，加适量盐和鸡精调味即可。

豆酱炒上海青

【材料】

上海青 700 克,海盐 1 勺,豆酱半勺,酱油 1 勺,油少许。

【做法】

1. 上海青洗干净,控干水分,加入 1 勺海盐,腌制 4 小时到出水。

2. 挤干青菜里的水分,切成 5 毫米长的青菜碎。

3. 锅里放少许油,烧热,加入切好的青菜,稍微煸炒到出水。

4. 烹入 1 小勺酱油,翻炒均匀。

5. 加入 1 勺豆酱,翻炒均匀就好了。

芝麻酱菠菜

【材料】

菠菜 1 捆,冰块适量,清水适量,熟白芝麻少许,熟花生 10 粒,芝麻酱 30 克,花生酱 10 克,生抽 10 毫升,盐 1 克,糖 5 克,辣椒油 1 克。

【做法】

1. 菠菜去根、去黄叶,洗净备用(此处无须控干)。

2. 凉白开或者纯净水倒入盆中,加入冰块备用。

3. 锅中水烧开,放入菠菜焯烫 30 秒。

4. 焯烫后立刻取出菠菜放入带有冰块的盆中。

5. 降温后的菠菜取出,攥干水分,切成段放入容器内。

6. 芝麻酱 + 花生酱 + 生抽混合,加入少量的白开水顺着一个方向搅拌澥开芝麻酱,待每次加的水完全吸收后,再加入下一次。

7. 澥好的芝麻酱,加糖、盐调味后,点缀少许辣椒油。

8. 把调好的芝麻酱小料淋在菠菜上。

9. 拌凉菜用的芝麻酱建议稀一些,这样吃的时候比较不容易糊嘴,撒上熟的白芝麻。

10. 熟花生米捣碎,码在凉菜上即可。

干炸鱼段

【材料】

鲤鱼，淀粉，五香粉，盐，料酒，食用油，葱，姜。

【做法】

1. 鲤鱼去鳞、去内脏，清洗干净，将鱼肉片切成2厘米长、1厘米宽的小段。

2. 将鱼段放入碗中，用五香粉、盐、料酒、葱段、姜片抓匀，腌制半小时。

3. 将淀粉放入少许水，和成较粘稠的糊。

4. 把鱼段中的葱、姜挑出弃去不用，将鱼段放入淀粉糊中拌匀，如果此时觉得淀粉糊比较稀，可随时加干淀粉调整，直至每块鱼段上都裹上淀粉糊。

5. 锅中热油，扔入一小块鱼段，看见鱼段冒出细小密集的气泡后，表明油温正合适，这时可以少量分次的炸鱼段，炸制成淡淡的金黄色即可。如果有的鱼块粘在一起，可以用手轻轻掰开，小心烫手。

6. 锅中继续烧热油，待油温较高时，没有水响声后，将所有的鱼段一起放入锅中复炸，变成稍深的金黄色后即可捞出，这时候的鱼段就干香酥脆了。

凉拌蛋丝

【材料】

鸡蛋3个，香菇6朵，胡萝卜半根，香菜2棵，料酒2大勺，玉米淀粉1大勺，生抽1大勺，醋1大勺，香油1小勺，白糖1小勺，盐适量。

【做法】

1. 香菇洗净切丝，香菇氽烫熟晾凉备用。

2. 胡萝卜切丝用少量油煸炒一下。

3. 淀粉中加入料酒调匀。

4. 鸡蛋打入碗内，撒少许盐打匀，把淀粉料酒汁倒进去，这样起到给鸡蛋去腥的作用。

5. 将蛋液过滤，这样煎出的蛋皮会更细嫩。

6. 锅内倒入少许油将蛋液倒入摊成蛋饼，两面煎黄。

7. 将蛋饼切成细丝。

8. 把煮好的香菇丝、胡萝卜丝、香菜放到一个大碗中。

9. 把蛋丝也放入，放入盐、醋、生抽、糖、香油搅拌均匀即可。

酸辣蕨根粉

【材料】

蕨根粉，青瓜，小葱，香菜，蒜，青尖椒，红尖椒，熟花生仁，生抽 2 匙，陈醋 2 匙，辣椒油 1 匙，芝麻油 1 匙，细砂糖 1 匙。

【做法】

1. 将蕨根粉用冷水泡软（约半小时）。

2. 烧开水，放入蕨根粉煮软即捞起，过冷水，沥干水分，盛盘备用。

3. 将所有配料处理好：青瓜切条，香菜切段，青、红尖椒切圈，蒜切片，小葱切碎。

4. 取一小碗将调味汁倒在一起调匀。

5. 将配料放在蕨根粉上，倒入调好的味汁，拌匀即可。

小技巧

1. 蕨根粉可以事先用冷水浸泡也可以不浸泡，浸泡后更容易煮软。

2. 调味汁里因为加了生抽所以不再放盐，如果口重可以再少放一点盐，调好的味汁应该是酸辣略甜。

3. 熟花生是事先用锅小火炒熟的，不用油炒，一次多炒些，炒好后晾凉放入密封罐中，夏天做凉拌菜或是吃面条都可以放一点提香味。

【材料】

鸡翅，蒜，蚝油，翅料，食盐，辣椒粉，孜然粉，食用油，鲜酱油，鸡精，白糖。

孜然烤翅

【做法】

1. 鸡翅适量，清理干净备用。

2. 将鸡翅放入保鲜盒内，加入调味料放入冰箱冷藏腌制，最好过夜使用，入味更好。

3. 将烤盘铺锡纸，刷一层食用油，将腌制好的鸡翅放在上面。

4. 烤箱 200 度，放入烤箱烤 10 分钟。

5. 将烤盘取出，用刷子将汤汁刷在鸡翅上，然后翻面，刷另一面。

6. 撒上适量孜然粉，然后放入烤箱烤，可以激发孜然的香味。

7. 放入烤箱继续烤 10 分钟。

8. 取出装盘，撒上熟芝麻食用。

菜渍黄瓜

【做法】

1. 黄瓜切片，用盐杀出水分，然后用手挤干，平铺在透气的盖帘上，晾一夜。

2. 晾干的黄瓜里加入切成碎的小米辣椒，用手揉捻（最好带着手套，不然手会受不了）。

3. 揉好的黄瓜加入除盐外的全部调料，调料的量可以调节，具体以刚好没过黄瓜为准，当然，黄瓜要压瓷实，不然要放好多醋，就太酸了。

4. 腌制过夜，最好1天以上再吃。

【材料】

黄瓜2根，白醋3勺，米醋1.5勺，苹果醋1.5勺，酱油1勺，砂糖1勺，罗勒叶3片，小米辣椒3只，柠檬1/4个，盐适量。

拔丝胡萝卜

【材料】

胡萝卜400克，植物油800克，白砂糖、干面粉各适量。

【做法】

1. 将胡萝卜洗净，去皮，切成滚刀块，放入沸水中煮熟，捞出粘满干面粉待用。

2. 将胡萝卜放入热油锅中炸至金黄色时捞出，沥油待用。

3. 另起锅放入白砂糖和适量清水，将白砂糖熬至起丝时，放入炸过的胡萝卜，粘满糖汁后，出锅装盘即成。

小炒菜花

【材料】

菜花1朵，胡萝卜100克，黑木耳5朵，蒜头2瓣，青蒜1棵，"史云生"瓶装浓醇高汤适量，油、生抽、生粉适量。

【做法】

1.菜花清洗干净后切成小朵；胡萝卜削皮后切花片；黑木耳用水泡软后摘掉蒂部，加入1小勺生粉，抓匀，撕成小朵；蒜头拍扁，青蒜切段。

2.热油锅，爆香蒜头。

3.倒入胡萝卜片翻炒至软身。

4.菜花放进油盐水中灼水至五成熟。

5.倒入菜花，翻炒均匀。

6.倒入黑木耳，翻炒均匀。

7.加入适量"史云生"浓醇高汤，翻炒均匀。

8.加入少许清水，盖上盖子煮10分钟左右。

9.淋入少许生抽。

10.淋入水淀粉。

11.加入青蒜，翻炒均匀即可。

小技巧

1.记得一定要用大火,快炒,不然会出很多汤,影响口感。

2.辣椒分两份,一份先炒香炒糊,另一份与白菜一起入锅。

在这里说一下,辣椒如果与白菜一同下锅,辣味炒不出来,只能起点缀作用。所以,把辣椒分两份,一份要味道,另一份要菜形。

酸辣白菜梗

【材料】

白菜梗,葱花,花椒,辣椒,盐,味精,糖,醋。

【做法】

1.正常大小的白菜一颗,去根,取梗洗净,去掉边上的叶,竖着一分为二。

2.再斜刀切片,或者纵向切丝,随意。

3.炒锅入油,炒香辣椒、葱和少许花椒。

4.白菜入锅中要大火快速翻炒,撒适量盐、味精,2大勺醋,大火快速翻炒均匀,出锅后将炒糊的辣椒和葱段拣出即可。

滑熘肚片

【材料】

熟猪肚 300 克,胡萝卜 150 克,青椒,油、盐、淀粉、醋各适量,味精 1 克,葱、蒜片、姜各 30 克。

【做法】

1.将猪肚切成长条,再片成大约 2.5 厘米见方的片,在沸水中焯一下,捞出控净水,将萝卜切片。

2.盐、淀粉、味精、醋、汤适量兑成混汁。

3.加油烧至七成热时,放入肚片滑一下捞出,控净油。

4.原勺留底油,用葱、姜、蒜爆锅,放入胡萝卜、青椒煸炒,再放入肚片,倒上兑好的汁水翻勺,淋香油,炒勺装盘即可。

沙锅白菜

【材料】

白菜心 250 克,水发海参 50 克,大虾干 25 克,水发玉兰片 25 片,油发鱼肚 25 克,水发冬菇 2 大片,熟白肉 25 克,熟白鸡 25 克,熟白大肠 50 克,油菜心 50 克,猪油 40 克,牛奶 100 克,精盐 6 克,味精 5 克,高汤 750 克,葱沫 3 克,姜汁 10 克,料酒 10 克。

【做法】

1.将白菜心切成 2.5 厘米厚的菜墩,码入汤盘内,放适量盐、料酒,上笼屉蒸熟后取出,沥去汤水。

2.将每个海参顺劈两半,每半横切两刀,共成 6 块;大虾干用开水泡开备用;将玉兰片切成 3 厘长、1.5 厘米厚的片;将鱼肚切 1 厘米宽、2.6 厘米长的块;冬菇改刀。

3.将熟白肉切 2.6 厘米长、1.6 厘米宽、0.3 厘米厚的片;白鸡顺切 2.6 厘米长、1 厘米宽的条;白大肠坡刀切 0.6 厘米厚的马蹄片;油菜心洗净,顺劈一刀。

4.将海参、笋片、冬菇、鱼肚焯透捞出。

5.加猪油,葱沫炝勺,烹料酒,加高汤,下白鸡、白肉、大肠、虾干,盖勺盖焖一会儿,把油滚入料内,下海参、鱼肚、冬菇、笋片、油菜,放味精、姜汁、盐后,烧开,下牛奶,撇浮沫,出勺。

6.把蒸好的白菜墩放在沙锅里,把勺内烹好的汤和料浇入沙锅内即成。

珊瑚白菜

【材料】

圆白菜 1300 克，干辣椒 20 克　冬笋 60 克，水发香菇 300 克，胡萝卜 160 克，鲜姜 50 克，辣椒 250 克，醋精 30 克，香油 60 克。

【做法】

1．将圆白菜切掉根，去掉老皮洗净，切成 4 瓣，放沸水锅内稍烫，捞出放凉水中过凉控净水。干辣椒去蒂和籽，用温水泡软，斜切成细丝。冬笋去筋皮与香菇均切成丝。胡萝卜和姜刮去皮洗净，切成丝。

2．在锅内放入香油烧热，投入辣椒丝煸炒出香味，再放入胡萝卜丝、姜丝煸透，随后加入笋丝和香菇丝稍微煸炒，倒入 160 克沸水，加入白糖和精盐，熬至糖化汤汁发粘时，离火晾凉加入醋精搅匀，制成珊瑚汁。

3．将白菜码入盆内，浇上珊瑚汁，扣上一个大盘，腌制 24 小时以上即可食用。

虎皮尖椒

【材料】

青椒，盐，酱油，醋，糖，鸡精。

【做法】

1．将青椒洗净，去蒂，一分为二，去子。

2．锅放火上烧热，放入少量油，将青椒放入。

3．煸炒至青椒变面、变焦糊，在煸炒的时候要不时翻炒，让青椒均匀受热，并且要用炒勺不断按压青椒，目的是将青椒的水分炒出来，使其变蔫。

4　待青椒变蔫，表面发白、有焦糊点时，加入酱油和盐翻炒，加入醋、糖和鸡精，炒匀即可。

小贴士

夏天稍吃点辣椒能开胃助消化。辣椒香辣刺激，无论什么菜，只要配上辣椒，吃起来就特别香。在民间，辣椒还有"开胃菜"、"下饭菜"的美称。夏季酷暑难耐，人们大多没有胃口，不想吃东西，吃点辣椒，就可以促进食欲、开胃下饭。

夏天吃辣椒还能给身体"除湿"。四川、湖南、广西、江西、贵州的人都爱吃辣椒，是因为这些地方气候潮湿，而辣椒有除湿的功效，能把体内多余的湿气驱除出去。夏天雨水多、湿气重，吃点辣椒，除除湿气。

小技巧

1．青椒要选择个头较大、肉质较厚的。

2．将青椒的子去掉可以减轻辣度，口感也更好。

番茄鸡翅

【材料】

鸡翅 6 只，番茄沙司 50 克左右。

【做法】

1．鸡翅洗净，从鸡翅表面用刀切两刀，但不切断。

2．放入水中焯 4 分钟。

3．加入番茄沙司搅拌均匀，放入冰箱 8 个小时。

4．吃的时候取出来，微波炉高火 2 分钟即可。

小技巧

1．鸡翅提前一步焯水，既可以去腥，也可以为下一步放微波炉节约时间。

2．番茄沙司要充分入味，这道菜才好吃。

3．因为操作时间比较短，而且没有油烟，值得推荐，特别适合小朋友。

粉丝蒜蓉烤扇贝

【做法】

1．扇贝洗净控干水分，淋少许绍酒腌制。蒜切成蒜沫，青红椒切小粒。

2．锅内坐油放入蒜沫煸炒出香味。

3．放入青红彩椒粒煸出香味，淋上美极鲜酱油和少许盐、鸡精调好味。

4．将炒好的蒜沫、青红椒粒放在扇贝上，放入料理盒内。

5．再在扇贝上码上粉丝，再加上蒜蓉青红椒粒。

6．把料理盒盖好，放入烤箱内，烤箱提前预热，上下火 220 度烤 5 ～ 8 分钟。

7．打开料理盒，稍微晾凉，即可出锅摆盘。

【材料】

扇贝，大蒜，泡好的粉丝，青红椒，香葱，料理盒，盐，美极鲜酱油，鸡精，绍酒。

丝瓜鲜干贝

【做法】

1．白果洗净，蒸熟备用。

2．干贝洗净，焯至半熟。

3．丝瓜去皮，洗净，切成条状。

4．姜洗净切片，蒜洗净拍松。

5．辣椒去蒂与子，洗净，切小块。

6．锅内倒油，爆香姜片、蒜，倒入丝瓜，加少许白砂糖和醋焖煮至熟软，加盐调味盛出。

7．另用一净锅，倒油，先加入辣椒，再加干贝、白果及少许盐同炒几下。

8．倒入煮软的丝瓜拌炒均匀，加少许水淀粉勾芡即可。

【材料】

丝瓜200克,白砂糖2克,植物油15克,干贝50克，白果（鲜）100克，辣椒（红、尖）15克，姜5克，大蒜3克，盐3克。

荷香蒸排骨

【材料】

排骨500克，莲子50克，小米椒20克，干荷叶1张，葱、姜、蒜各10克，香葱5克，盐5克，鸡精2克，绍酒18克，生抽20克，白糖5克，八角5克，小茴香3克。

【做法】

1．排骨斩小块，洗净放入盘中，葱切段、姜切片，莲子泡发，小米椒切圈。

2．锅中放水烧开将干荷叶泡软。

3．斩好的排骨放入葱段、姜片、八角、小茴香、小米椒圈、生抽、绍酒、盐、花椒、白糖拌匀。

4．笼屉内铺好荷叶，将腌好的排骨和莲子一并倒入，盖上荷叶旺火足气蒸30分钟，取出，用薄荷叶、红椒丝点缀即可。

小贴士

排骨本身有很高的营养价值，具有滋阴壮阳、益精补血的功效。而近代研究证实，荷叶有良好的降血脂、降胆固醇的作用，尤其是减肥的功效广为流传，蒸过的排骨和荷叶，保留了排骨的最大营养，保持了排骨的口感、荷叶的清香，减肥的美女们不妨一试。这是一道好吃、保健、抗衰老一举三得的夏季养生菜。

青酱南瓜比萨

【材料】

面粉 200 克，盐，酵母 3 克，水 125 克左右，黄油 5 克，松子 30 克，鲜罗勒叶 20 片，法香 1 小把（或者西兰花 5 朵），橄榄油 30 毫升，卡夫芝士粉 10 克，黑胡椒 1/8 小勺，比萨奶酪（马苏里拉）120 克，南瓜 200 克，火腿 60 克，芹菜 50 克，红椒 20 克，烤盘涂抹所需黄油 5 克。

【做法】

1. 揉面团：面粉加盐和黄油混合，酵母倒入水中搅拌至完全融化后倒入面粉中，注意不要一次加完以免面团太软。揉成光滑的面团后，加入黄油揉均匀，盖湿毛巾放温暖处第一次发酵约 40 分钟，至体积膨胀两倍大。烤盘上先涂一层黄油（一来防粘，二来可以使烘烤时底部焦黄），发酵好的面团，用手抻成烤盘大小的圆形（用擀面杖擀大也可以），放在烤盘上，用叉子扎孔透气防止烘烤时鼓起，然后再第二次发酵 20 分钟左右。

2. 做青酱：松子用烤箱或平底锅烤香，然后将罗勒叶、法香（或西兰花）、盐、橄榄油、卡夫芝士粉和黑胡椒放入食品料理机打成浓酱。

3. 组合比萨后烘烤：南瓜去皮切片，厚一点大约 0.8 厘米，用一点橄榄油先煎至两面变黄六成熟。火腿切片，芹菜和尖椒切片状。在第二次发酵好的面饼上涂抹一层青酱，再撒一层奶酪（奶酪要留 1/3 的量撒到表面），然后放入所有菜。放入烤箱中上层，200 ～ 220 度，烤 12 ～ 15 分钟，取出，再加入剩余的奶酪，再烤 3 ～ 5 分钟即可。

清拌黄瓜丝

【材料】

黄瓜，小辣椒，紫皮洋葱，盐，白糖，麻油，一点花生酱（不放也可），香菜末。

【做法】

将备好的食材洗净、切丝，加白糖、盐、花生酱、麻油拌匀即可。

凉拌三丝

【材料】

海带结6个，胡萝卜半棵，豆腐皮1张，蒜沫，葱油2汤匙，美极鲜味汁1茶匙，寿司醋1汤匙，红油1汤匙，生抽1茶匙，香油1茶匙，盐少许。

【做法】

1．将豆腐皮洗净切丝。

2．将胡萝卜去皮洗净，切成片再改刀切成细丝。

3．将海带结解开，用清水反复洗几遍，浸泡5分钟，切成细丝。

4．汤锅中加水烧开，分别将胡萝卜丝、豆腐皮丝、海带丝焯水后放入器皿中晾凉。

酸辣苦菊拌蜇头

【做法】

1．苦菊择净、清洗干净后，用淡盐水泡半小时，再冲净、控水。

2．紫甘蓝先冲洗再切丝，也用淡盐水泡半小时（与苦菊一起浸泡即可），后冲控水。

3．蜇头用水冲洗后改刀（可丝，可片）。

4．大蒜去皮切碎，美人椒洗净切碎。

5．净锅加入少许油，三成热时下美人椒碎煸出红油，趁热倒在蒜碎上。

6．将香醋、白糖、盐与蒜油拌匀后倒在食材上，混合均匀即可。

【材料】

苦菊，即食蜇头，紫甘蓝，盐，美人椒，香醋，白糖，大蒜。

小技巧

1. 苦瓜最好选择比较直并粗细均匀的新鲜苦瓜，红枣要选择肉厚核小的大红枣。

2. 大红枣也可以改为蜜枣，如果用蜜枣就不再用去核了，因为蜜枣本身就已去掉核了。

红枣酿苦瓜

【材料】

苦瓜，大红枣或蜜枣，蜂蜜。

【做法】

1. 红枣洗净，去掉中间的核备用。

2. 将苦瓜洗净，从中间切开，用小勺子掏空中间的子。

3. 锅中放水，放少许盐和油，水开后放苦瓜段，焯水一两分钟至苦瓜断生，后捞出放凉水中浸泡。

4. 将去核的红枣卷起来塞进苦瓜里面，再切成薄片，淋上蜂蜜或浓稠的果汁即可。

小技巧

1. 挑选茭白的时候尽量选择表皮光滑亮丽，笋支肥厚的，可以先掂掂重量，轻者不佳，可能放久而失了水分，脆度也会跟着打折。

2. 这道菜的关键是用油把茭白煎过，饭店里通常会过油炸，我们自己小家庭操作没必要起个大油锅，用点油煎一下也是一样的，只是要有点耐心，用小火慢慢煎，这样处理过的茭白会更容易吸收后面调味料的味道，让原本清淡的茭白变得更加有滋有味。

3. 水不要加多，焖烧的时间也不能太长，这样才能保证茭白的脆嫩。

油焖茭白

【材料】

茭白，酱油，白糖，盐，麻油，炒香的白芝麻。

【做法】

1. 茭白剥去外壳，洗净切成滚刀块。

2. 炒锅放油烧热，放入茭白，小火翻炒，慢慢煎至茭白颜色淡黄。

3. 加入酱油、白糖、盐调味，再倒入少许清水烧开，盖上锅盖中火焖烧至茭白入味、颜色红亮，出锅前滴几滴麻油和炒香的芝麻即可。

辣子鸡丁

小贴士
鸡丁上浆不宜过薄或过厚。过油油温不宜过热。兑碗芡加水淀粉要适中，一次成功。

【材料】

鸡脯肉 150 克，青柿子椒 50 克，干红辣椒适量，酱油 10 克，料酒 10 克，盐 2 克，味精 2 克，白糖 3 克，水淀粉 30 克，鸡蛋清半个，葱、姜各 3 克，毛汤少许，植物油 500 克（实耗 50 克）。

【做法】

1. 将鸡脯肉用刀稍拍至松，再剌上浅花刀，切成 1.2 厘米见方的丁，放入碗内，加少许盐、料酒、鸡蛋清和水淀粉浆；青柿子椒去蒂和子，洗净切成比鸡丁稍小的丁；干红辣椒去蒂、子，剪成小段；葱切豆瓣葱；姜切指甲片。

2. 用碗盛入酱油、料酒、毛汤、盐、味精、白糖、水淀粉，兑成碗芡备用。

3. 炒锅上火，放入植物油，烧至约五成热，下入浆好的鸡丁滑熟至嫩，随下青柿子椒丁，立即倒入漏勺控油。炒锅复上火，放底油，下入干辣椒炸至呈紫色，下入葱姜炝锅，倒入滑好的鸡丁、青柿子椒丁，随后烹入碗芡，颠翻均匀，淋上明油，出锅装盘。

豆角焖面

小技巧
1. 此方法也适合直接焖煮豆角的方式制作。
2. 喜欢淡色的可以省略老抽的实用。
3. 豆角微波后会变软，焖煮的时候也容易入味，所以无须放盐，避免过咸。
4. 做好的豆角焖面，面条微硬，不是那种湿软的为宜。
5. 不喜欢辣味的可以省略泡椒不放，笔者认为放上两个泡椒很提味，有微微的辣香。

【材料】

豆角 250 克，鲜面 150 克，五花肉片 50 克，生抽 30 毫升，老抽 5 毫升，料酒 15 毫升，泡椒 2 个，葱花少许，清水适量。

【做法】

1. 五花肉片用料酒腌制 10 分钟，豆角建议选择扁豆，口感和味道最传统。

2. 豆角洗净后掰成等大的段，放入盘中。

3. 入微波炉内高火加热 4 分钟，取出后用筷子拌一下再继续高火 4 分钟，此时豆角已至半熟，可见微微干蔫。

4. 锅中倒入适量炒菜油，加入泡椒、葱花和五花肉炒至肉片变色。

小提示
1. 如果田螺未经处理，需先将尾部打掉，最好买商贩处理好的田螺。
2. 加入少许盐和香油，利于田螺吐泥沙。
3. 加料酒浸泡，可去除田螺的土腥味。
4. 吃的时候，注意要去除螺肉连带的一小截肠子。

【材料】
苦瓜 1 根（约 250 克），枸杞子 5 克，

香辣田螺

【材料】
田螺 500 克，干辣椒 4 个，小红椒 2 个，葱 1 根，蒜 3 瓣，八角 1 个，桂皮 1 块，花椒 15 粒，料酒 5 汤匙，酱油 2 汤匙，盐、香油少许。

【做法】
1. 蒜切片，干辣椒切段，葱和小红椒切碎；已去尾的田螺加入少许香油和盐，再加入清水浸泡 2 小时，反复冲洗后，加入料酒浸泡 30 分钟。
2. 锅中注水，烧开后将田螺和料酒一同倒入，焯烫 2 分钟。
3. 另起锅，加适量油，烧热后放入干辣椒、蒜片、花椒、八角和桂皮爆香。
4. 闻到香味后，倒入焯烫好的田螺，翻炒 3 分钟。
5. 加入酱油，继续翻炒 2 分钟。
6. 加入小红椒和葱，最后炒 3 分钟即可。

蜜汁苦瓜

蜂蜜 20 克，细砂糖 20 克，矿泉水 100 克。

【做法】
1. 枸杞子洗净备用。
2. 苦瓜洗净，切开两半，去瓤。
3. 将苦瓜切成薄片。
4. 取一密封盒，将蜂蜜、细砂糖、水混合

5. 放入微波过的豆角，放入生抽、老抽炒匀。
6. 放入较宽的热水炒至调料与食材融合。
7. 此时把锅中的汤倒出，只留少部分汤在锅内。
8. 把鲜面放在豆角上，不要接触锅底，否则容易被汤汁浸湿或者粘在锅底，盖上锅盖，中小火焖约 15 分钟，用热气把面焖熟。
9. 中间见锅内汤减少渐没，就顺着锅边加入适量的汤，汤量微微没过豆角一半的样子即可（不要把汤倒在面条上）。
10. 反复多次，直到面变熟，最后翻炒，把面和豆角炒匀即可。

凉拌黄花菜

【材料】

新鲜的黄花菜，大蒜，白砂糖，盐，鸡粉，生抽，香醋，香油。

【做法】

1.把黄花菜的柄掐去一截，翻开花蕊看看有没有发黑的，如果有的话，把发黑的花蕊掐下来扔掉，然后把黄花菜放入清水中冲洗干净。

2.烧一大锅开水，水开后放入一小勺的盐，然后把黄花菜放入开水锅中，煮开后再煮两三分钟，关火。

3.把煮过的黄花菜放入冷水盆中浸泡两三个小时，吃前捞出来沥干水分。

4.把大蒜去皮捣成蒜泥，放入白砂糖、盐、鸡粉、生抽、香醋、香油拌匀后，倒在黄花菜上。

小提示

1.新鲜黄花菜凉拌着吃又嫩、又脆，口感极好。

2.鲜黄花菜含秋水仙碱，如果一次食入20毫克可致人死亡。专家建议，为防止鲜黄花菜中毒，每次不要多吃，食用前必须用开水焯熟，再用清水浸泡两个小时以上（这一点很重要）。

3.要想拌出味足好吃的黄花菜，关键是大蒜和香醋要多放，其余的调料根据自己的口味添加即可。

在一起，用匙子搅拌至细砂糖溶化。

5.将切好的苦瓜片和枸杞子一起放入蜜水中。

6.盖上盖子，放入冰箱中冷藏1小时左右即可取出食用。

小贴士

炎热的夏天，人们很容易出现口腔溃疡、喉咙肿痛等上火症状，夏季"上火"可通过饮食调节，多吃苦味食物，因为"苦"味食物是"火"的天敌。苦味食物之所以苦是因为其中含有生物碱、尿素类等苦味物质，夏季最佳的苦味保健食物首推苦瓜。

温馨提示

1.蜜水的蜂蜜、细砂糖、水按1：1：5的比例调配，当然，如果您喜欢更甜一点的口感，可以将蜂蜜的比例调高。

2.如果不喜欢吃太苦的，可以把苦瓜焯水后再进行后面的过程，或是用少许盐稍微腌制一会儿，再用矿泉水冲去苦味，进行后面的过程。

3.苦瓜生食性寒，因此脾虚胃寒者不应生吃。

4.孕妇不宜多吃苦瓜，苦瓜内含有奎宁，会刺激子宫收缩，引起流产。

温馨提示

1. 烹调时盐要尽量最后放，否则丝瓜会变黑，影响美观。

2. 提前将切好的丝瓜浸泡在盐水中，两种方式都可以避免丝瓜变黑。

丝瓜炒蛤蜊

【材料】

蛤蜊，丝瓜，盐，绍酒，胡椒粉，葱，姜。

【做法】

1. 蛤蜊用清水浸泡，换水几次，搓洗干净。

2. 丝瓜削去外皮，大葱切成细末，姜切小蓉。

3. 丝瓜切成大片。

4. 中火烧热锅中的油，待烧至五成热时将葱、姜放入爆炒出香味，随后放入蛤蜊，淋入绍酒，翻炒片刻，盖盖儿烧两分钟。

5. 开盖见蛤蜊张开，放入丝瓜翻炒1分钟，出锅前撒盐、胡椒粉调味、可以用水淀粉勾个薄芡。

【材料】

长茄子1个，香菜，大蒜，盐，白糖，生抽，醋。

蒜泥手撕茄子

【做法】

1. 长茄子洗净，撕成小条，放盘中，放入微波炉，高火转3分钟，即可。

2. 香菜去根，洗净，切段。

3. 大蒜剥皮，洗净，用压蒜器压成泥。

4. 大蒜泥里加入盐、白糖、生抽、醋，调成汁。

5. 把蒸熟的长茄子晾凉后，撕成条。

6. 把调味汁倒在撕好的茄子上，撒上香菜。

萝卜干炒肉沫

【材料】

萝卜干1盘，肉沫（肥瘦相间）1小碗，青椒2个，干红椒3个，生姜片1小块，独蒜瓣2粒，盐适量，白砂糖、生抽、老抽、生粉、香麻油、料酒各少许。

【做法】

1. 萝卜干切丁，青尖椒、干红椒去蒂及子切成椒圈备用，生姜切沫、独蒜去皮切沫，备用；肉沫调入生抽、老抽、糖、生粉拌匀，加入1小勺麻油拌匀腌制15分钟左右备用，炒锅上灶烧热注油，将腌制好的肉沫下锅炒散，出油出香后盛出备用。

2. 就着锅内底油，或斟情再添加少许油，下姜沫、蒜沫，青、红椒圈，炝锅煸香，将萝卜干丁下锅，翻炒均匀。

3. 将肉沫回锅一同翻炒，锅内浇入少许料酒炒匀，调入少许糖、生抽、老抽少许翻炒均匀，香味溢出时起锅装盘。

干锅土豆

【材料】

土豆500克，培根3条，蒜薹、胡萝卜、魔芋、青蒜、蒜片各适量，麻辣酱少许（根据自己口味），红尖椒1根。

【做法】

1. 土豆切片用清水清洗2遍，沥干待用，魔芋切成细条，青蒜切寸断，培根切小片，红尖椒切丁，胡萝卜切丝待用。

2. 热锅油温五成左右（油可以多些，这样炸的时候比较方便些），将土豆片放入油中小火炸至微黄盛出。

3. 另取锅将魔芋入热水中焯烫。

4. 洗净锅入油，放入蒜片、蒜薹、胡萝卜、魔芋、培根炒香。

5. 加入麻辣酱和土豆片继续翻炒入味，最后加点生抽、糖，撒入青蒜段和红辣椒即可。

小提示

1. 喜欢甜口的朋友可以适当加些砂糖或冰糖。

2. 炒的时候要少放油，因为鸭肉本身就比较肥，炒的时候会出油。

红烧鸭块

【材料】

半片鸭，八角，花椒，桂皮，料酒，老抽，姜片，葱段，盐。

【做法】

1. 半片鸭洗净沥干斩成块，锅中放入适量的水，凉水下入鸭块，烧开后再煮约 2 分钟，将鸭块捞出，用清水冲洗干净待用。

2. 炒锅中放少量油，放入花椒、八角、桂皮、姜片和葱段炒香。

3. 放入鸭块，翻炒，煸炒到鸭块出油时，加入没过鸭块的清水，要一次加够，再加入老抽和料酒，大火煮开后转中小火炖 1 小时左右（让锅内一直处于翻滚状态）。

4. 炖至汤汁剩下 1/3 时，加入适量盐，然后大火收汁即可。

豆皮拌苦菊

【材料】

豆腐皮，苦菊，西生菜，香葱，香醋，鲜酱油，麻油，白糖，盐，香菜。

【做法】

1. 将蔬菜先一片片地冲洗干净，再用加了盐的清水浸泡半小时以上（达到消毒、杀菌的作用）后，再用清水洗净，撕成适口的小块。

2. 香葱洗净，切成滚刀块，香菜洗净切段，与所有的蔬菜混合一起备用。

3. 净锅入油，小火将豆皮放入油中，用低温慢浸的方法将豆皮制好，取出放在厨房纸巾上去掉多余的油，掰成小块备用。

4. 取一碗，按 2 ：1 的比例混合醋和糖（不喜欢酸甜口的可改变比例），加盐、鲜酱油、麻油调匀后倒在蔬菜和豆皮上，拌匀即可食用。

柠檬红椒泡爪

【材料】

凤爪，柠檬，花椒，红椒，细盐，薄荷。

【做法】

1．备好所作材料，汤锅加水、加花椒煮至出味，凤爪剁洗干净备用。

2．凤爪剁洗好后用细盐再抓洗干净，再将洗好的凤爪下锅，煮至熟透。

3．将煮好的凤爪出锅，用冷水泡洗无胶粘感，用温盐水泡洗柠檬及红椒，再将泡洗好的红椒、柠檬、薄荷及细盐与冷开水调泡好备用。

4．将冲过冷水的凤爪下柠檬泡汁中，封好盖，入冰箱冷藏入味即可食用。

香辣干锅土豆片

【材料】

土豆 3 个，洋葱半个，尖椒 1 个，胡萝卜半根，香辣烤肉酱，蒸鱼豉油。

【做法】

1．土豆削皮洗净，洋葱、尖椒、胡萝卜分别洗净备用。

2．调料准备好。

3．将土豆切成 2 毫米左右厚的片，过两遍冷水，捞出沥干水分。

4．洋葱、尖椒、胡萝卜切成片备用。

5．平底锅洗干净，用厨房纸巾抹干水分。

6．在锅底刷一层薄油，将土豆片放入平底锅小火煎制，两面都煎至金黄色后盛出。

7．平底锅内放少许油烧热，放入洋葱片、尖椒片、胡萝卜片翻炒片刻。

8．放入煎好的土豆片炒匀，倒入香辣烤肉酱翻炒均匀，再倒入蒸鱼豉油炒匀，夏季超下饭的香辣干锅土豆片出锅。

小技巧

1．土豆切好片之后，一定要过冷水，冲去土豆内多余的淀粉，不然很容易糊锅。

2．土豆片切好后如果不马上下锅炒制，要浸泡在冷水中，以免土豆片氧化变黑。

3．用不粘锅做，只需刷一层油即可，其他锅具可能需要放的油量大一些，有的还是炸出来的，那样有点太腻。

4．煎土豆片的时候一定要小火，否则外皮焦了，里面还没熟。

5．放了洋葱、尖椒等配料，葱、姜、蒜等调料就可以省略了。

小技巧

1.做这道菜时不要放太多调料，以免盖过了橙子的香味。

2.炒糖色即可，无须酱油上色，才能更好地体现橙子本身的颜色和味道。

3.橙子不要用榨汁机榨汁，有损本身的香味，只需切块炒出橙汁即可。

橙香排骨

【材料】

排骨500克，新奇士橙1个，姜2片，葱1/4段，盐少许，料酒、油适量。

【做法】

1.将排骨放入高压锅中，放入葱段、姜片、料酒，倒入冷水没过排骨，煮40分钟。

2.将新奇士橙的橙皮去白膜切丝，橙肉切小块备用。

3.炒锅中倒入少许油，放入白糖炒至稍稍变色。

4.放入排骨、橙皮丝、橙块翻炒均匀，加盐调味即可。

小技巧

1.背部开口除了取出泥肠，为的是更好的入味。

2.调料油熬好后，虾壳一定要煸的酥脆才好吃。

麻辣虎皮虾

【材料】

虎皮虾，葱，姜，蒜，干辣椒，花椒，麻椒（绿色的），盐、糖、鸡精、生抽适量。

【做法】

1.虎皮虾洗净，用剪刀在背部剪开，去泥肠，姜切丝，葱切成葱花，蒜拍成沫，干辣椒剪段，花椒、麻椒适量备用。

2.锅中放适量的油，油温六成热时下入花椒、麻椒爆香，然后下入干辣椒、姜、葱炒香，待香料变为微黄红时，下入虎皮虾翻炒。

3.待虎皮虾煸至变色（黑斑会变成红色）、壳上出现白色的斑痕，既可加生抽、糖炒香，入底味，最后加盐、鸡精调味出锅了。

腰果葱油白菜心

【做法】

1．白菜心清洗干净，顺切粗丝。

2．葱头去皮洗净切丝。

3．净锅入油，微火将腰果炸酥至微黄色盛出。

4．下葱丝小火煸香成葱油，弃葱留油。

5．下白菜丝中火炒软至透，加白糖、蚝油、盐炒匀，沿锅边淋入水淀粉勾成薄芡，点麻油即可。

【材料】

白菜心，腰果，葱头，白糖，蚝油，盐水，淀粉，麻油少许。

糖醋脆黄瓜

【做法】

1．黄瓜刮去外皮，滚刀切块。

2．用凉白开冲洗一次，沥干水分，加入适量盐，抓拌均匀，放置几分钟以后，把水倒掉。

3．加入白糖，加入苹果醋。

4．拌匀即可，冰镇过后更美味；如果是早上吃的话，在前一天晚上把黄瓜放进冰箱，第二天早上取出来用就可以。

【材料】

黄瓜，盐，白糖，苹果醋。

舌尖上的四季菜
夏的菜

小贴士

1. 橙汁腌制鸡柳有松肉的作用，也就是能让鸡肉的口感更软嫩一些，而淀粉腌制的目的是为了在炒制鸡肉的时候，不让鸡肉中的水分析出，淀粉起到隔绝水分从鸡肉中析出的作用，这样，鸡肉保留一定水分才显得口感更细腻、爽滑。这两个秘密武器能彻底改变鸡肉发干又食之无味的口感。

2. 用 VC 含量高的橙汁、玉米笋、红色甜椒搭配鸡肉，能促进鸡肉中铁的吸收，而酸甜的口感和滑嫩清爽的鸡肉最适合夏季食用。

橙汁彩蔬鸡柳

【材料】

鸡胸肉 1 块，芦笋 4 根，玉米笋 6 个，红色甜椒 3 颗，新奇士橙 1 个，白糖 1 勺，小麦淀粉适量，蚝油 2 勺，白胡椒粉适量。

【做法】

1. 先将橙洗净切两半，将其中一半放在便捷榨汁容器中旋转取出橙汁。

2. 将鸡胸肉按照纹理竖切成柳条状。

3. 将鸡柳倒入蚝油、白糖、淀粉、白胡椒粉腌制，后再倒入鲜橙汁。

4. 加入 1 勺油，将所有调料不断抓捏均匀腌制 15 分钟，这个步骤可使肉质更松软。

5. 将红色甜椒用模具切成花瓣形。

6. 芦笋和玉米笋在飞水中烫熟，再切成段。

7. 锅中放入油，将鸡柳倒入，大火快炒。

8. 鸡柳很容易熟，大概几分钟后就可以放入烫熟的芦笋和玉米笋，再将剩余的橙汁倒入锅中。

9. 翻炒均匀后，可以按个人口味适当添加盐或者鸡精，收汁即可盛盘。

黑椒苹果澳牛粒

【材料】

澳洲牛肉（不带筋部位）250 克，苹果 1 个，彩椒半个，蚝油 1 茶匙（5 克），几滴老抽，1 茶匙料酒，1 小勺干淀粉（用于腌制牛肉），黑胡椒碎 1 茶匙，蚝油 1 茶匙，生抽 1 茶匙（用于调味）。

【做法】

1. 将澳洲牛肉（不带筋的）切成约 2 厘米见方的丁，用 1 茶匙蚝油、几滴老抽、1 小勺干淀粉抓匀腌制 20 分钟。

芦笋香辣鱼片

【材料】

鱼柳 500 克，芦笋 500 克，油，辣椒粉，花椒粉，白胡椒粉，盐，糖，小葱。

【做法】

1. 芦笋洗净切段，鱼柳切片，放入锅里煎，撒上辣椒粉、胡椒粉、花椒粉、盐、糖。

2. 煎好的鱼片盛出备用。

3. 锅内放入芦笋，炒到芦笋变软。

4. 倒入炒好的鱼片，放入切成条的葱，炒匀。

小贴士

热辣盛夏，开胃有鱼。

美味瓜皮丁

【材料】

西瓜皮 2 块，胡萝卜 1／2 根，木耳适量，玉米粒少许，豌豆 30 克，燕麦片适量，盐 1 茶匙，鸡精 1／4 茶匙。

【做法】

1. 削去西瓜皮绿色的硬皮部分，留一层红瓤，切成 1 厘米左右的瓜皮丁，胡萝卜去皮切丁，木耳用清水泡发、撕成小朵，燕麦片用清水浸泡，锅中烧水，水开后放入豌豆焯烫。

2. 将苹果去皮切成小丁，用淡盐水浸泡五分钟，彩椒洗净切成丁。

3. 平底锅放少量油，低油温时倒入腌制好的牛肉丁，翻炒到表面变色。

4. 倒入苹果丁，翻炒几下，倒入 1 茶匙黑胡椒粉，再倒入彩椒丁。

5. 加 1 茶匙蚝油（5 毫升）、1 茶匙生抽（5 毫升）。

6. 翻炒均匀即可出锅。

小技巧

1. 做这个菜选料用牛里脊为最好，如果用其他部位的肉要去掉筋再做。

2. 苹果选脆的口感会更好，去皮切丁后，在淡盐水中浸泡 5 分钟后取出，可以避免因接触空气而氧化变色。

3. 这是个快手菜，苹果、彩椒都不要过分加热，入锅和调味拌炒下就可以出锅，这样既保持了漂亮的色泽，也保持了营养。

茄汁薄荷炖小牛腱

【材料】

带骨小牛腱1个，胡萝卜1根，番茄1个，洋葱1/4个，西芹2根，大葱段，生姜，大蒜2瓣，八角1枚，桂皮一点，香叶2片，薄荷1小朵，橄榄油，盐，黑胡椒粉，生粉，番茄酱，糖，红酒。

【做法】

1．所有食材清洗干净，胡萝卜切块、番茄去皮切大块、洋葱切片、西芹切小块，1小朵薄荷略切碎（此步骤可以顺延到牛肉炖好时再操作，以免过早切好，蔬菜的维生素流失）。

2．将小牛腱擦干水分，两面抹上适量盐、黑胡椒粉，最后抹上生粉或面粉，锅中放橄榄油烧热后，放入小牛腱两面各煎1分钟。

3．放入姜片、葱段、大蒜一起炒出香味，加入热水没过小牛腱及香料改小火慢慢炖1～1.5小时，待肉炖酥烂时加入胡萝卜块继续炖。

4．炒锅中放橄榄油少许加热后放入洋葱爆香，接着加入番茄一起翻炒，加入足量的番茄酱、少许糖翻炒。

5．将炖好的牛腱汤倒入炒锅中一起加热，调入少许红酒，加入西芹丁继续炖煮，可按个人口味增减番茄酱的量，最后改以大火将汤汁收到略浓，出锅前撒上少许碎薄荷即可。

小技巧

1．小牛腱一定要小火久炖，炖到肉质酥烂，需1～1.5小时。

2．这道菜整体是茄汁的酸甜口感，所以炒番茄时多加些番茄酱，再加少许糖调和酸味，后面炖汤时也可以根据口味再加番茄酱调整色泽、口感。

3．薄荷千万不能多，如图中1小朵即可，切碎出锅前撒在汤中拌匀，带着淡淡的薄荷香，过多则味太重。

4．最后要以大火收干汤汁，使汤汁呈浓稠的西式酱汁口感。

小技巧

1．西瓜的红瓤不要完全去掉，留一层，吃起来口感更好。

2．西瓜皮也可切丝或切片，根据自己的喜欢而定。

3．选择稍厚一些的瓜皮做这道凉菜，口感较好。

4．燕麦片提前泡软，口感更好，且缩短炒制的时间。

2．锅中加少许油，烧热后放入胡萝卜丁和木耳，翻炒1分钟。

3．加入瓜皮丁，翻炒炒匀。

4．加入豌豆和玉米粒，再次炒匀。

5．加入泡软的燕麦片，翻炒2分钟左右。

6．调入盐和鸡精，翻炒炒匀后即可。

酒香烤鸡腿

【材料】

鸡腿2只（如果做的多，请同比例增加其他配料），朗姆酒2小勺（10毫升），盐1茶匙（5克），新鲜或干燥百里香1/2茶匙（3克），黑胡椒碎1/2茶匙（3克）。

【做法】

1. 将鸡腿洗净擦干放在盘中（为了更好的入味，可以用叉子在鸡腿表面扎孔），倒上朗姆酒涂抹，并将盐均匀地涂抹在鸡腿上，腌20分钟（时间越长越好，可以加盖保鲜膜以免鸡皮风干）。

2. 将腌好的鸡腿放在铺有锡纸的烤盘中，在鸡腿表面均匀地撒上一层薄薄的百里香（可以用干燥的，也可以放新鲜的），放到预热好的烤箱中层，用220度烤45分钟至1小时，直到颜色金黄，表皮酥脆。

3. 在烤好的鸡腿上，撒上黑胡椒碎，趁热食用最好吃。

温馨提示

1. 这款烤鸡腿是比较典型的西式烤鸡腿，虽然用料简单，但是烤好后味道清香，表皮酥脆，非常能烘托出食材本身的香味。

2. 干燥的百里香在大型超市的西餐调料货架区和淘宝西餐材料店都可买到。

3. 百里香是很常用的西餐调料，还有很多可以用到它的菜，如蒜蓉乳酪焗大虾、美式炸鸡、锡纸包鲈鱼。

4. 朗姆酒能很好去腥、增香，搭配百里香，味道很好，朗姆酒可以在超市或淘宝网店买到。

干锅北极虾

【材料】

北极虾250克，土豆1个，红白辣椒各1个，麻辣花生20克，葱花少许，生抽1汤匙（15毫升），豆瓣酱1汤匙（15克），白糖1茶匙（5克），盐1克，啤酒20毫升，橄榄油适量。

【做法】

1. 北极虾从冷冻室内取出放冷藏室自然退冰。

2. 锅中加入适量的橄榄油，放入北极虾炸至酥脆，沥干多余的油分。

橄榄菜四季豆

【材料】

四季豆，橄榄菜，生抽，白砂糖，白芝麻，素肉松，玉米油。

【做法】

1．橄榄菜洗净后去掉两头的尖，切碎。

2．炒锅烧热后倒入一些植物油，热一下，放入豆角碎翻炒。

3．耐心一些，炒到豆角起皱缩小，口感软软。

4．放入 1 大勺橄榄菜、1 勺生抽和小半勺糖翻炒均匀。

5．最后出锅前撒一些白芝麻和素肉松即可。

小技巧

1．素肉松和白芝麻只是点缀，没有可省。

2．如果想要翠绿的色泽，四季豆要先焯水 2 分钟左右，水里放一点油和盐，焯好沥干水分后再炒，这样四季豆的炒制时间就可以大大缩短，颜色保持翠绿，但没有干煸出来的香。

3．橄榄菜里的咸味已经足够了，顶多加一点生抽，不要加盐了。

4．加糖是为了提鲜，类似味精的效果，不喜欢可以不加。

5．四季豆一定要炒熟，宁愿炒过了，也不要不熟，切记。

3．土豆去皮切成条状。

4．用炸过虾的油继续炸土豆，待土豆表皮稍稍出现硬壳后捞出控干。

5．炒锅中倒入适量的底油，放入切碎的豆瓣酱和葱花爆香锅底。

6．放入炸过的虾和土豆条大火快炒，淋入生抽、盐、糖调味。

7．可以添加少量啤酒，让锅内的调料融合。

8．待大火收干少量汤汁后，放入麻辣花生即可出锅。

小贴士

解冻北极虾，不要用自来水冲洗。北极虾从海里打捞后直接冷冻，无菌运输，送到家中的虾实际上是很干净的。如果不放心可以用纯净水冲洗，但不建议用自来水冲洗。

香干炒毛豆

【做法】

1.毛豆剥好后先蒸熟备用。

2.香干切成细条，咸菜洗干净后切碎。

3.瘦肉切成肉丝后加入生粉和料酒腌制15分钟。

4.热锅冷油，加入咸菜、肉丝一起翻炒。

5.加入蒸熟的毛豆翻炒一会儿。

6.加入香干细条翻炒，加一点盐调味，加一点白糖提鲜，就可以出锅了。

【材料】

毛豆,香干,咸菜,肉丝,食用油,生粉,料酒,盐,白糖。

腐乳小龙虾

【材料】

小龙虾1000克，花椒2克，干辣椒3克，大蒜10多粒，香菜20克，盐10克，味精5克，糖10克，酱油10克，腐乳3块，辣酱15克，白酒50克，啤酒1听。

【做法】

1.泡水：小龙虾放到容器中，盖盖儿后，泡24小时，中间可换几次水。

2.杀菌：泡水后的小龙虾，放入容器中，洒上50克白酒焖10分钟。

3.大铁锅坐火上，不放油，倒入小龙虾，中火炒3～5分钟后，盛出备用。

4.锅中放油，爆香花椒、干辣椒，倒入小龙虾炒匀。

5.将腐乳块用啤酒澥开后，倒入锅中，依次倒入啤酒、盐、糖、酱油、味精。

6.补充清水至60%处，焖煮3～5分钟，放入蒜瓣，关火后，静置20分钟，撒上香菜，即可盛出。

【材料】

鸭腿2只,大葱1/2根,姜6片,姜丝适量,
盐4茶勺,白胡椒粉2茶勺,香油2大勺,
料酒200克,鸡精2茶勺,清水1大碗。

盐水鸭腿

【做法】

1. 鸭腿洗净,和葱段、姜片、2茶勺盐、鸡精、
料酒加清水一起用中火煮沸,转小火煮10分
钟后熄火,再焖20分钟。

2. 将2茶勺盐、2茶勺白胡椒粉、2大勺香油、
1大勺料酒混合拌匀。

3. 将鸭腿取出,均匀地抹上做法2的酱料,
放在烤网上风干(或者在阴凉通风处吊起来)。

4. 将风干好的鸭腿切成小块摆入盘中,配上
姜丝食用。

温馨提示
蚝油已有咸味,盐要酌量放。

蚝油海鲜菇

【材料】

海鲜菇400克,青椒1个,剁椒,蚝油,蒜
沫、盐、淀粉适量。

【做法】

1. 海鲜菇洗净,切段,青椒切块。

2. 锅中放油,下剁椒、蒜沫炒香。

3. 放入海鲜菇翻炒。

4. 调入蚝油、盐翻炒,小煮1分钟。

5. 最后加入青椒,勾芡出锅。

春笋扒羊肉

【材料】

羊腹肉（羊腩），袋装春笋，小油菜，葱，姜，香油，生抽，料酒，盐，香叶，草果，陈皮，甘草，八角。

【做法】

1. 羊肉放在清水中浸泡 2 小时，泡出血水后洗净沥干。

2. 净锅入水，加姜片、葱段、料酒，凉水下入羊肉焯过。

3. 另起锅，一次性加足水，下入焯好的羊肉、八角、草果、甘草、陈皮、姜块、葱段、料酒、生抽等，大火烧开后关中火煮至羊肉熟透，取出晾凉，切成宽约半指的肉条，码入深碟或大碗中。

4. 春笋切条，小油菜洗净切成四半，分别用开水焯熟，捞出备用。

5. 净锅入少于做菜量的香油，加入八角、葱段、姜片，小火煸出香味，再加入煮肉的汤、料酒和生抽，烧开后倒在羊肉上，上屉大火蒸 20 分钟。

6. 去掉葱、姜不要，把羊肉入锅内，放入笋和油菜，加入生抽、盐及煮肉的鲜汤，烧煮 5 分钟让笋条和油菜入味。

7. 加水淀粉勾芡，淋入几滴香油后即可出锅（也可先将肉及菜取出，勾好芡汁淋在肉上）。

小技巧

1. 藕片飞水时不可时间过长，否则口感不脆爽。

2. 拌好的藕放入冰箱里小半天再食用，口感更加爽脆、开胃。

酸辣藕片

【材料】

鲜莲藕，枸杞子，红辣椒，青辣椒，柠檬半个，白葡萄酒，醋，白糖，盐。

【做法】

1. 莲藕洗净削皮，切成厚薄均匀的片，用水泡半小时，去除一些淀粉。

2. 净锅入水，加盐烧开后将藕片飞过，捞出晾凉。

3. 青红辣椒洗净去子、切成碎，大蒜切片。

4. 净锅入油，三四成热时下入一半蒜片爆香（另一半放在藕片上），下入青红椒丝小火煸透，倒在藕片上的蒜片上。

5. 取个小碗，将白糖、酒、醋、盐、柠檬汁调匀后倒在藕片上，加枸杞子拌匀后即可食用。

冰镇酸辣蜇头

【材料】

海蜇头，洋葱，青辣椒，红辣椒，姜，蒜，八角，花椒，陈醋，鲜酱油，糖。

【做法】

1．海蜇头清洗干净，放入清水中浸泡4小时，其间更换2～3次水。

2．所有其他的原料清洗干净，洋葱切片，青、红辣椒切碎，蒜切片，姜切沫。

3．取一只碗，碗里放入八角和花椒，加入小半碗的陈醋，加入1大勺糖，加入1勺的鲜酱油搅拌均匀，将切碎的辅料放进去，同样浸泡4小时（这时候可以将其放入冰箱冰镇）。

4．泡发好的海蜇冲洗干净，沥干水分放入盘中，吃的时候将冰镇好的料汁倒入即可。

温馨提示

1．海蜇头盐分比较大，所以一定要泡发3～4小时，其间还要更换几次水，这样泡发的蜇头，肉质厚、口感脆、味道好（海蜇头只要泡发得好，无须开水烫，直接凉拌就好，开水烫导致肉质收缩、口感差些）。

2．腌制的辅料随个人喜欢，多放辣椒或不放，还可以添加木耳、黄瓜、胡萝卜等蔬菜和海蜇头一起凉拌，颜色好看、口感丰富。

3．料汁里一定要加1勺糖，这个是让料汁味道好的关键，也可以用陈醋，味道更浓郁。

4．料汁放入冰箱冰镇，凉拌海蜇头时口感更脆、更好，不失为一道夏季开胃小凉菜。

小技巧

1．看颜色：良质海蜇头呈黄色或棕黄色，有光泽，边缘无杂质、无泥沙、无腥臭味；劣质海蜇头呈茶褐色，边缘多有杂质。

2．尝味道：劣质海蜇头口感涩、软；良质海蜇头肉质结实有韧性，口感脆嫩。

宫保猴头菇

【材料】

猴头菇3朵，辣椒、彩椒各半个，花椒，蚝油，葱段，酱油，盐，油，花生。

【做法】

1．辣椒剪开，辣椒子和辣椒分开，猴头菇洗干净，掰成3～4厘米的块，彩椒切块。

2．锅里加一点油，中火，放入切好的葱段，微微炒香，加入猴头菇煸炒，出锅时加蚝油1小勺，锅里的汤不要。

3．重新起锅，小火，加入辣椒子炒香后加入花椒和辣椒皮炒出辣味。

4．转大火加入炒好的猴头菇，一点酱油、盐，出锅加入彩椒和花生。彩椒微甜，猴头菇微苦，加上轻微的麻辣，是适合夏天的一道开胃菜。

宫保圆白菜

【材料】

圆白菜1个，蒜沫，花椒，干辣椒，花生米（油炸），盐2克，糖1茶匙，醋1茶匙，酱油1茶匙，味精4克，水淀粉4克，香油适量。

【做法】

1．花生米提前炸出来。

2．菜叶一定手撕，而且去掉菜梗子。

3．手撕的菜叶千万别泡在水里面，可以将菜叶放在漏盆中，放在水龙头下，冲一冲，而且还一定要控干，甩净菜叶上的水分。

4．用糖、醋、酱油、味精和淀粉调汁，上锅入油，先用二成油温，慢慢煸香花椒，再放入辣椒煸香，最后放入葱、姜、蒜片爆香。

5．倒入圆白菜叶后，迅速翻炒，同时要紧盯锅中菜叶体积的变化。

6．当菜叶体积为原体积的2/3时，倒入碗汁，炒10秒钟即可关火。

7．关火后，倒入花生米，再炒5～10秒即可出锅。

椒油蒜蓉豆角丝

【材料】

四季豆250克，蒜4瓣，盐、白醋、辣椒油适量，花椒20粒，玉米油1大匙。

【做法】

1．四季豆掐去头尾，洗净，斜切丝。

2．烧开水，倒入豆角丝焯烫5～8分钟，捞出过冷水，沥尽水分，装盘。

3．蒜切蓉，放在氽烫过的豆角丝上，调入适量盐、白醋和辣椒油备用。

4．锅中倒入1匙油，冷油时即放入花椒粒，随油温升高逼出花椒的香味，捞出花椒粒不要，将热油倒在蒜蓉上，吃时拌匀即可。

温馨提示

四季豆焯水时一定要时间长一些，免得不熟引起中毒。

【材料】

凉粉400克，酱油4克，醋5克，芝麻酱10克，大蒜（白皮）5克，辣椒油5克，味精3克，白砂糖5克，香菜5克，腌萝卜5克。

多味凉粉

【做法】

1. 凉粉切成条块，投入凉开水浸泡后捞出装盘。

2. 大蒜剥去蒜衣洗净，切成碎末剁成泥。

3. 香菜择洗干净后切成碎沫。

4. 腌萝卜用清水冲洗几遍使其咸味减淡，再切成丝。

5. 酱油、老醋、麻酱、蒜泥、辣椒油、味精、糖、香菜末、腌萝卜丝放碗里拌匀，蘸食凉粉即可。

软炸鸡

【材料】

鸡胸肉200克，鸡蛋清1个，面粉2克，淀粉40克，精盐、味精各1克，芝麻油、料酒各1.5克，猪油40克，鸡汤25克，油50克。

【做法】

1. 把鸡胸肉剞上交叉的十字花刀，再切成条状，放入精盐、料酒、味精卤片刻。

2. 用鸡蛋清、鸡汤、淀粉、面粉和芝麻油在碗内调成茨糊，把卤好的鸡条放入糊中抓匀。

3. 勺内放油，烧至四成热时把鸡条逐条地放入油内炸熟后捞出装盘即成。

小贴士

花刀剞的深浅要一致，掌握好糊的浓度，鸡条糊挂得要严，掌握好炸制的油温。

木耳干豆角炒肉

【做法】

1. 干豆角放在水中浸泡 2 ~ 3 小时，加热煮软后切成小段；黑木耳泡发洗净撕成小朵备用。

2. 五花方肉（熟制）切成薄片。

3. 炒锅加热，倒入少许食用油，下入葱花、蒜沫炒香。

4. 再放入沥干水分的豆角、黑木耳大火翻炒均匀，放入红椒段翻炒入味。

5. 将肉片放入锅中，中小火翻炒。

6. 加入适量盐、糖、生抽调味。

7. 稍翻炒后盖上锅盖小火焖 2 分钟即可出锅。

【材料】

干豆角，木耳，五花方肉，葱，蒜，生抽，盐，糖，红辣椒，食用油。

小技巧

干豆角：久浸泡、慢蒸煮；黑木耳：沥干水、后入锅；五花方肉：少翻炒、快出锅。

香辣白玉菇

【材料】

白玉菇 1 盒，面粉，泡菜胡萝卜，香菜梗，姜丝，盐，豆豉酱，花生油。

【做法】

1. 白玉菇切去根部，洗净掰成独立的一朵朵。

2. 在白玉菇上撒少许盐拌匀。

3. 撒入干面粉，轻轻抓拌，使每朵蘑菇上都裹上薄薄一层面粉。

4. 花生油烧八成热，将裹好面粉的白玉菇炸成金黄，捞出沥油。

5. 锅底留少许油，放入姜丝、豆豉酱烹香。

6. 倒入炸好的白玉菇，翻炒几下。

7. 放入泡菜胡萝卜丝和香菜梗，迅速炒匀关火。

小技巧

1. 面粉裹薄薄一层就好，过厚影响口感。

2. 白玉菇很好熟，炸蘑菇用大火炸脆表面。

3. 炒制过程要短，否则表皮不脆了。

4. 加入泡菜取其清爽酸辣，如果没有，也可不放。

清新西瓜皮

【做法】

1. 西瓜皮切块后，只取白色部分的肉，然后切成丝，火腿肠和尖辣椒也分别切成丝。

2. 锅中热油，倒入西瓜皮丝翻炒。

3. 炒软后，加入少许的盐和鸡精调味。

4. 倒入火腿肠丝和尖椒丝，翻炒一会儿，即可。

【材料】

西瓜皮，火腿肠，尖辣椒，盐，鸡精。

经典蔬菜沙拉

【做法】

1. 胡萝卜削皮后切成小丁，黄瓜用盐刷洗干净外皮后去子切丁，甜玉米剥粒。

2. 胡萝卜丁和甜玉米粒放进锅里煮熟，捞出沥干水分。

3. 黄瓜丁用凉白开浸泡一会儿。

4. 胡萝卜丁和甜玉米粒放凉后，跟黄瓜丁混合，放盐调味。

5. 加入沙拉酱，拌匀即可（夏天冷藏一下更美味）。

【材料】

黄瓜，胡萝卜，甜玉米，沙拉酱，盐。

干萝卜干豆角炒牛肉

【做法】

1.牛肉解冻,洗净切细条,用盐、生抽、生粉、蚝油腌制片刻。

2.青红椒切斜条。

3.泡发洗净的干萝卜、干豆角,切寸段。

4.坐锅热油,爆香蒜沫、姜沫,先放入一半青红椒炒出辣味。

5.再放干萝卜、干豆角,放盐炒至入味。

6.再放入腌好的牛肉,加两勺剁辣椒,放适量生抽、老抽,快速翻炒。

7.最后放剩下的一半青红椒,炒至断生,即可起锅装盘。

【材料】

牛肉,干萝卜,干豆角,蒜沫,姜沫,盐,生抽,老抽,生粉,蚝油,青红椒。

酱牛肉

【材料】

牛腿肉1千克,酱油半碗,精盐10克,大葱1根,桂皮1小块,鲜姜1块,白糖5克,料酒10毫升。

【做法】

1.将牛肉洗净切成4块,放开水锅中烫去血水,取出放在锅内。

2.大葱去根和毛叶,洗净切成段,拍破,放入牛肉锅内,加入料酒、精盐、酱油和水(要求水没过牛肉块)。

3.将鲜姜洗净切成片,将姜片、大料和桂皮都装在干净纱布口袋中,扎住袋口,放入锅中。

4.将锅置旺火上煮开,撇去浮沫,改用文火煮至牛肉酥烂,捞出牛肉(卤汁可以留用)晾凉,切成薄片装盘即成。

小技巧

红烧肉要好看好吃，最重要的颜色和味道就在酱油与糖上，因此，一碗好的红烧肉，应该是浓油赤酱、明汁亮芡。要想做得红亮诱人，有很多地方是要注意的。

1．酱油一定要用老抽，生抽的上色性没有老抽好。

2．老抽不能放太多，少之一分则颜色不够，多之一分则颜色偏黑，所以这个分量要自己掌握好，一般超市卖的红烧酱油之类的比较适合，成菜颜色偏红而不是偏黑，口感也偏甜，不用担心放多了太咸。

3．明汁亮芡的诀窍在于糖色，如果有工夫，可以先用油煸炒冰糖，炒至焦糖色后再加入其他材料烧制，但这个炒糖色的活儿，对于烹饪新手来说不是很好掌握，所以最简便的方法就是加入红糖，红糖更易上色，口感更厚重，唯一要注意的是，收水之后，锅内只剩下油和糖的时候，要不停翻炒使芡汁均匀浓稠，不然很容易结块和糊锅。

板栗红烧肉

【材料】

去皮板栗 400 克，五花肉 200 克，生姜 5 片，八角 4 粒，桂皮 1 根，油 50 毫升，盐 2 小勺，老抽 1 小勺，红糖 25 克，鸡精半小勺，小葱沫适量。

【做法】

1．板栗去皮清洗干净。

2．五花肉切成正方小块。

3．生姜切片，八角、桂皮洗净备用。

4．炒锅倒少量油，中小火加热，下入生姜、桂皮、八角煸香。

5．转大火，下入五花肉，翻炒至断生。

6．加入 1 小勺老抽，翻炒上色。

7．加入板栗翻炒均匀。

8．加入大半锅水，下入红糖搅匀。

9．盖上锅盖，大火煮沸后转小火，焖 25 ～ 30 分钟。

10．收至水分八成干时，加少量鸡精，转大火，不停翻炒使酱汁浓稠均匀地挂在板栗与肉上，收至水分九成干时关火，起锅装盘撒上适量葱花即可。

锅烧蟹

【材料】

蟹肉（切沫）150 克，净鳜鱼肉 100 克，熟猪膘 25 克，鸡蛋 2 个，鸡蛋清 1 个，绍酒 25 毫升，精盐 2 克，味精 1 克，葱姜水 25 毫升，面粉 25 克，水淀粉 15 克，熟猪油 750 克（约耗 50 克），花椒盐、白胡椒粉各适量。

蛋蒸肉

【材料】

鸡蛋 2 个，肉馅 150 克，料酒 1 大匙（15 毫升），香油 1 大匙（15 毫升），盐 1 小匙（5克），糖 2 克，葱、姜各 5 克，小葱适量。

【做法】

1．将买回来的肉馅用刀继续剁烂些，葱切成葱花，姜切成姜沫，小葱切沫备用。

2．把葱、姜沫放在剁好的肉馅中，然后加入盐、糖和香油，顺一个方向搅拌上劲。

3．把搅好的肉馅放在耐高温的容器中，在肉馅的表面用勺子压出一个小坑。

4．把鸡蛋打在压好的小坑中，放入上气的蒸锅中蒸 15 ～ 20 分钟。

5．吃的时候在表面撒上小葱，还可再滴几滴生抽。

新版鱼香肉丝

【材料】

猪肉，土豆，蒜薹，青红椒，淀粉，鸡蛋，蒜沫，食盐，食用油，豆瓣酱，料酒，白糖，香醋，鸡精，酱油。

【做法】

1．猪肉和蒜薹，洗净备用；青椒和红椒洗净备用；土豆 1 个，洗净去皮备用；木耳提前泡发备用；猪肉切丝备用。

【做法】

1．将鱼肉、肥膘分别剁成蓉后，一起放入碗中，加入鸡蛋清、葱姜水、绍酒、盐、味精、水淀粉搅匀，再放入蟹肉拌匀后，倒入抹上熟猪油的盆中，摊平成每个约 1.5 厘米厚的方块，上笼蒸约 5 分钟，取出，切成 4 块蟹肉饼。

2．将鸡蛋磕入碗中调匀，加入清水 150 毫升、面粉拌匀成蛋糊。

3．炒锅置旺火上烧热，舀入熟猪油，至五成热，将蟹肉饼蘸满蛋糊，放入锅内炸至金黄色，倒入漏勺沥去油，切成长 3 厘米、宽 1 厘米左右的条块，排放在盘中，撒上花椒盐和白胡椒粉即成。

粉蒸鳗鱼

【材料】

整条鳗鱼（鲜鳗，3斤左右）去头后，分成4段，取1段，其余冷冻，洋葱头1个，西芹茎3条，姜丝适量，料酒3汤匙，生抽2汤匙，八角2个，白糖半汤匙，橄榄葵花子油2汤匙，盐半汤匙，醋半汤匙，香油1汤匙。

【做法】

1．将鳗鱼段以连刀方法切片。

2．调汁：生抽、洋葱丁、橄榄葵花子油、姜丝、八角、白糖、料酒，加300毫升水，此时可以尝味，以调整生抽等。

3．将鳗鱼片浸泡在汁中10分钟。

4．此时用小火干锅炒米，不停地翻炒，至微黄。

5．在一个大碗内抹油，然后将鳗鱼肚子朝上盘在碗中，把炒米盖在上面，将调汁浇在米上，调汁的量以刚淹没米为宜（但是要看米的品种，吸水性要平常观察，此时可以斟酌调汁的量）。

6．待蒸锅的水烧开，大火蒸10分钟，此时，将西芹切丁，在另一只小锅中烧开水，滴一点油，西芹倒入，开锅即捞出，用盐、醋、白糖、香油拌匀。

7．打开蒸锅，把大圆盘扣在蒸好的鱼碗上，垫上毛巾，拿牢后，迅速翻过来，轻拍大碗后拿掉，把西芹丁盛在周围。

一盘好看又非常鲜美的粉蒸鳗鱼成功了。米很有味道，但不能当饭。西芹解腻。

2．将猪肉放入碗中，将食盐、料酒、淀粉和蛋清放入肉丝里，搅拌均匀腌制10分钟。

3．土豆切细丝，将切好的土豆丝放入清水中，洗去淀粉。

4．将木耳、辣椒切丝，蒜薹切段。

5．炒锅放油，油温热后下入腌制好的肉丝划散炸制，将炸熟的猪肉丝捞出沥油备用。

6．炒锅留底油，下入豆瓣酱和蒜沫炒香。

7．下入土豆丝翻炒，将切好的蒜薹、木耳、辣椒下入锅中，同时加入酱油、白糖、香醋翻炒。

8．下入炸好的肉丝放在菜里面翻炒均匀。

9．加水少许，盖盖焖一会儿，鸡精放入调味。

炒油豆

【材料】

油豆 400 克，猪肉 200 克，橄榄菜 80 克。

【做法】

1. 油豆洗净切丝备用。

2. 热锅热油爆香肉片，肉片变白后，加入油豆和橄榄菜。

3. 大火翻炒至油豆软烂即可，橄榄菜本身就是咸的，不需要加盐了。

小贴士

炒油豆，有化湿补脾的功效，对脾胃虚弱的人尤其适合。夏天多吃一些油豆有消暑、清口的作用。

泡椒凤爪

【材料】

鸡爪，泡椒（超市有瓶装的，菜市场有袋装的，均可），白醋，生姜，蒜瓣，花椒，香叶，八角，桂皮，盐，鸡精，纯净水。

【做法】

1. 首先将鸡爪洗干净，然后用刀把鸡爪劈成两半，方便入味。

2. 鸡爪放入锅中，加生姜、蒜瓣、花椒、香叶、八角、桂皮、盐，煮约 13 分钟。

3. 将鸡爪捞出来，放在自来水底下冲凉，这样可以避免出现肉冻，把胶质都冲走了，然后晾凉。

4. 准备一个玻璃或瓷质的容器，放入泡椒及泡椒水（喜欢吃辣的可以把泡椒切碎），再加些纯净水或凉白开也可以，再倒入适量的白醋，搅拌均匀后加入鸡精和盐。

5. 将凉了的鸡爪放到泡椒水里，盖上盖子，隔一段时间翻动一下，好让味道更均匀。

温馨提示

1．藕带在形态上跟藕很相似，它也和藕存在同样的问题，少数内壁里会灌有泥巴，所以切好后注意检查一下，清洗干净。

2．泡椒是有咸度的，加盐时要注意用量。

泡椒炒藕带

【材料】

藕带，泡辣椒，蒜姜沫，盐。

【做法】

1．藕带斜刀切成段，洗净后捞出沥干水分。

2．泡椒切碎备用。

3．热锅上油，油热后，下姜蒜沫爆香，再放入泡椒碎炒至出味。

4．倒入藕带，炒至断生后放入适量盐调味后即可起锅。

小技巧

1．螃蟹属寒，心、肺、肝等都含微毒，必须去除，另外死螃蟹千万别吃。

2．螃蟹含有大量水分，下油锅容易进溅，下锅前拍点干淀粉，可以防止油溅出来。

3．做螃蟹要多放些姜，可以驱寒暖胃，这菜不宜凉着吃，不仅可以边吃边煨越来越香，而且可以暖胃。

麻辣沙锅螃蟹

【材料】

大闸蟹，花椒，大料，小茴香，香叶，干辣椒，姜，蒜，白糖，盐，胡椒粉，料酒，香葱。

【做法】

1．将螃蟹洗净去掉心、肺、腮等脏物再斩大块。

2．螃蟹块控干水分再用干淀粉把干。

3．锅内坐油煸香大蒜、姜片、香叶、花椒、小茴香、大料，出香味。

4．倒入干辣椒、香葱段，炒出香味。

5．这时候再放入斩好块的螃蟹，不要着急翻动。

6．过2分钟待螃蟹凝固用大火翻炒，加入糖、盐、胡椒粉、料酒调味。

7．出香味改小火盖上盖焖2分钟。

8．最后连汤带香料倒入沙锅中，可用小火边煨边吃，香味无穷。

香菇蒸鳕鱼

【做法】

1. 把鳕鱼洗净，沥干水分；香菇洗净，去蒂，切成薄片；小辣椒洗净切碎，香葱切沫。

2. 取一个小碗，加入1小匙蒸鱼豉油，再加入1小匙料酒，少许的盐，搅拌均匀，做成味汁；把鳕鱼放入盘中，把切好的香菇片摆在鳕鱼上，均匀地浇上调制好的味汁。

3. 锅中水开，把鳕鱼放入蒸锅，大火蒸6分钟，然后关火，打开盖子，撒入红辣椒碎、香葱沫，再盖上盖子焖2分钟就可以了。

【材料】

鳕鱼200克，香菇2～3朵，小红辣椒10克，香葱10克，料酒1小匙，蒸鱼豉油1小匙，盐1克。

小技巧

1. 蔬菜用盐水泡一会儿可有效去除农药残留。

2. 南瓜藤要选择嫩的买，买的时候用手掐一下，嫩的一掐就断。

清炒南瓜藤

【材料】

南瓜藤，独蒜1只，红剁椒，植物油1大勺，盐、鸡精适量。

【做法】

1. 南瓜藤洗净切段，泡盐水里10分钟左右。

2. 蒜拍松切粒。

3. 锅入油，炒香蒜粒和剁椒。

4. 下入南瓜藤翻炒几下。

5. 盖上锅盖，约1分钟。

6 开盖加入盐和鸡精炒匀即可。

金针木耳蒸鸡球

【做法】

1. 鸡腿洗净，用剪刀把鸡骨剔除，鸡肉切小块加葱姜沫及调味料腌制 15 分钟。

2. 金针、木耳提前用冷水浸泡，泡发后洗净，金针菜摘除硬梗的部分洗净并打结，盘底铺上金针、木耳（撒 1/4 小勺盐拌匀），再将腌好的鸡肉放在上面，放入已经烧开的蒸锅中蒸 20 分钟。

3. 蒸熟之后取出来拌一拌让调味均匀，撒上葱花即可。

【材料】

干金针菜，干木耳，鸡腿 2 只，香葱 1 根，老姜 2 片，料酒 1 大勺，生抽 1 大勺，蚝油 1 大勺，盐 1/4 小勺，糖 1 小勺，胡椒粉少许，干淀粉 1 大勺（约 15 毫升）。

荔枝爆丝瓜

【材料】

荔枝，丝瓜，黄甜椒，油，盐，鸡精。

【做法】

1. 荔枝剥皮去核，丝瓜、黄甜椒切块状。

2. 炒锅热油放入黄甜椒翻炒几下。

3. 再放入丝瓜块，翻炒至丝瓜块变软。

4. 加入荔枝，翻炒一会儿后加盐、鸡精调味即可。

小技巧

1. 购买丝瓜时一定要挑硬的，这样的丝瓜才新鲜。

2. 最好挑选那种长的不那么好看的丝瓜，比那种又长又直的丝瓜要好吃。

3. 炒丝瓜尽量不要用铁锅，否则炒出来易发黑。

温馨提示
1.鱼一定要炸酥炸脆才好吃。
2.番茄沙司是酸酸甜甜的口味。
3.加上其他蔬菜粒更有食欲。

番茄鱼块

【材料】

3斤重的草鱼取背部1/4的肉（200克左右），熟玉米粒、熟豌豆粒各少许，玉米淀粉50克左右，番茄沙司60克左右，料酒1茶匙，盐1克。

【做法】

1.将鱼背上的肉对切成一半的长条，再切成3厘米左右的小块，上面打上十字花刀，用水浸泡30分钟，沥干水，上面抹料酒和盐，裹上玉米淀粉。

2.放油锅中炸，炸成表皮酥脆。

3.锅中放少许油和番茄沙司，倒入鱼块。

4.再倒入熟玉米粒和豌豆粒，翻炒均匀即可。

小贴示
腌西瓜皮的时候有放盐，所以西瓜皮即便是挤干水了还是有咸味，后续不用再加盐。

西瓜皮炒肉

【材料】

西瓜皮，猪瘦肉，红辣椒，盐，料酒，酱油，水淀粉，白糖，姜沫。

【做法】

1.厚西瓜皮去掉外面的绿色硬皮，去掉里面的红瓤，洗净切薄片，加盐腌15分钟左右。

2.把腌好的瓜皮挤去水分备用。

3.猪瘦肉切丝加盐、料酒、酱油、水淀粉，抓匀稍腌。

4.热锅下油，油热后，下少许姜沫炝锅，倒入腌好的肉丝，炒散至变色后起锅备用。

5.余油再次烧热，倒入挤干水分的西瓜皮翻炒，加入切好的红辣椒丝。

6.撒少许白糖提味，再加入炒好的肉丝炒匀即可起锅。

杏香茼蒿

【材料】

茼蒿，杏仁，蒜，盐，鸡精，香油。

【做法】

1. 将蒜洗净拍碎切成细沫。

2. 锅内坐水，水开下茼蒿，略烫捞出。

3. 将捞出的茼蒿控干，切成小段，撒入杏仁，放入小碗中。

4. 将刚才切好的蒜沫放入盐、鸡精、香油调味，撒在杏仁茼蒿上，略拌即可食用。

小贴士

夏天吃苦寒食物有三个好处：一是可以清热消暑，夏天好多人感觉烦燥、出汗多等不舒服的感觉，我们吃这些苦寒的食物能预防，还有预防中暑的作用；二是能够泄火解毒，夏天天气热，好多人容易上火，比方说嗓子疼、大便干等一些症状，吃一些苦寒食物，对这个有一定的预防作用；三是可以健脾开胃，我们大家都知道夏天吃东西不香，觉得胃口不好，吃一些苦的食物，能够增加食欲，促进消化，所以说夏天吃一些苦寒的食品是有好处的。

茼蒿和杏仁都是微微有一点苦味的食物，夏天吃排毒祛火，开胃爽口。

元葱苗邂逅鸡蛋虾酱

【材料】

元葱苗 200 克，鸡蛋 4 个，虾酱 2 大勺，肉 200 克，黄酒 1 小勺，油 1 勺。

【做法】

1. 热锅热油，摊熟鸡蛋，盛出备用。

2. 锅中下入虾酱和肉片，炒到八成熟，烹入黄酒。

3. 最后加鸡蛋、切段的元葱苗，大火翻炒 2 分钟即可。

小技巧

1．一般家常炒肉片，肉片要顺横纹切；尽量切薄片；腌制时可以加入少许水淀粉，炒出来的肉片更滑嫩。

2．里脊肉的脂肪含量较少，烹饪时油可以多放些。

3．海鲜酱较鲜，宜后入味，后入味还可令肉色更佳。

4．山黄皮的果实——鸡皮果含有18种氨基酸及人体所需的多种矿物营养，具消暑、消炎、化滞、祛湿、健脾健胃的功效，可鲜食、调味、入药；但山黄皮果实经过腌制后，较咸，这道菜不要放太多盐。

5．新鲜的山黄皮果实可以放在冰箱中冷冻保存，随吃随解冻，可保存1年。山黄皮果实经过盐渍腌制加工，可成为调味上品，有独特香味，晒干亦可做饼馅。

鸡皮果炒肉

【材料】

猪里脊肉 300 克，腌制鸡皮果 20 克，青、红椒各 2 个，盐 2 克，姜丝 5 克，生抽 5 克，海鲜酱 5 克，料酒 5 克，水淀粉少许，油 10 克。

【做法】

1．猪肉切成薄片，青、红椒分别切成椒圈。

2．切好肉片放入料理碗内，加入盐、料酒、生抽、姜丝、水淀粉，腌制 10 分钟。

3．锅烧热，倒油，起微烟时倒入肉片翻炒。

4．炒至变色时，倒入海鲜酱炒匀。

5．马上加入腌制好的鸡皮果。

6．快速翻炒入味，最后加入青、红椒炒熟即可。

蟹味菇炒小油菜

【材料】

小油菜，蟹味菇，姜，蒜，蚝油，食盐。

【做法】

1．小油菜对半切开，蟹味菇去根洗净，姜蒜分别切成沫。

2．锅内倒油，放入切好的姜、蒜沫，小火炒香。

3．放入蟹味菇，同姜、蒜沫翻炒均匀，再倒入蚝油，翻炒 3 分钟。

4．放入小油菜，大火翻炒 1～2 分钟，加盐调味即可出锅。

5．盛菜的时候可以先把小油菜摆好，再把蟹味菇盛在上面，这样菜品造型比较好，也能增加食欲。

【材料】

通心粉，培根，洋葱半个，鸡蛋黄1个，淡奶油200毫升，法香2小朵，橄榄油少许，黄油少许，蒜1瓣，盐，黑胡椒粉，芝士粉。

培根奶酱通心粉

【做法】

1.锅中放多一些水，烧开后放少许盐，放入通心粉转中小火煮8～10分钟至无硬心（其间稍作搅拌防止粘锅），取出沥干水分，倒入1汤匙橄榄油拌匀备用。

2.取一个小碗，倒入淡奶油，倒入适量芝士粉及1个蛋黄，搅拌均匀，培根切长条，洋葱切小碎丁，蒜切沫，法香切碎。

3.锅烧热放黄油溶化后，放入培根炒出香味，再放入洋葱丁及蒜沫翻炒至软，倒入通心粉拌匀，浇上奶酱，放适量盐及黑胡椒粉调味，出锅前撒上法香碎即可。

【材料】

秋刀鱼，西蓝花，葱姜蒜，花椒，大料，盐，糖，绍酒，胡椒粉。

茄汁秋刀鱼

【做法】

1.秋刀鱼身上切平行的花刀，用盐、胡椒粉、绍酒腌制。

2.西蓝花改小朵，腌好的秋刀鱼拍少许生粉。

3.放在平底煎锅中，煎至两面金黄。

4.锅中坐水加少许盐，将西蓝花焯熟捞出。

5.锅中放少许油，煸香葱、姜、蒜，放入番茄酱炒出红油加盐、白糖调味，放入秋刀鱼，烹入绍酒，小火入味，大火收汁即可装盘，西蓝花码盘装饰即可。

金蒜烧鸡翅

【做法】

1. 鸡翅洗净，用刀划两刀，用盐、料酒腌制。

2. 大蒜去皮，洗净，一半榨汁。

3. 平底锅置火上，将腌好的鸡翅放入，煎至两面金黄，盛出。

4. 锅里放油，烧至五成热，放入另一半大蒜，煸炒至金黄色。

5. 放入煎好的鸡翅，加老抽和榨好的大蒜汁，翻炒均匀，小火焖10分钟即可。

【材料】

鸡翅中，大蒜，盐，料酒，老抽。

麻辣排骨

【做法】

1. 排骨洗净，剁成小块。

2. 排骨放入大碗中，加入色拉油、生抽、盐、糖、白胡椒粉、五香粉、蚝油、干淀粉、姜片、料酒，与排骨拌匀，腌制约1小时。

3. 蒸锅中放入排骨，蒸约30分钟后取出，用厨房纸巾吸干表面的汤汁。

4. 炒锅放油烧热，放入排骨炸至表面金黄色，炸好的排骨捞出沥油。

5. 锅中留底油烧热，放入干红椒段、花椒、葱姜蒜炒香。

6. 放入排骨翻炒均匀即可。

【材料】

排骨600克，油，生抽，盐，糖，白胡椒粉，五香粉，蚝油，料酒，干红椒，花椒，干淀粉，葱姜蒜。

蒜蓉开边虾

【做法】

1．将大虾洗净。虾要先用刀开背，去除虾线（虾肠子），用料酒和适量盐、胡椒粉腌制（半小时以上最好），也可以加入鸡精一起腌。

2．红彩椒切成小粒，香葱切碎末，蒜切细沫。

3．锅内坐油煸香蒜沫，倒出油和蒜沫，加入料酒、酱油、盐、鸡精、白糖调成的汁（比例6：4：1：2：1）。

4．将调好的汁加上少许红椒粒倒在虾表面上。

5．摆盘，锅烧开水（一定要水开后再放虾）蒸两分钟，出锅撒香葱即可。

【材料】

大对虾，红彩椒，香葱，大蒜，油，酱油，料酒，白糖，盐，胡椒粉，鸡精。

小技巧

1．用刀尖剁断虾筋防止虾受热卷曲。

2．上锅蒸用中火，锅开后改中火，防止虾变老。

3．蒸的时间开锅后别超过 3 分钟，否则虾就变老了。

粉皮拌黄瓜

【做法】

1．嫩黄瓜洗净，先切两半，挖去瓜瓤，再切成 4 厘米长的段，切成薄片，加盐拌匀腌制片刻待用。

2．取当天出的新鲜粉皮，切成 5 厘米长、1厘米宽的条，放入开水锅里烫一下，捞出沥干水分，趁热加入米醋、酱油、味精、熟花生油拌匀。

3．将已拌味的粉皮装入盆里，把腌黄瓜片挤干盐水，堆放在粉皮上，嫩姜去皮，切成细末，撒在上面，再淋上麻油即成。

【材料】

嫩黄瓜 1 条（100 克），粉皮 2 张，嫩姜 10 克，精盐 1.5 克，酱油 3 克，米醋 1.5 克，味精 1 克，熟花生油 15克，麻油 3 克。

番茄猪肝汤

【做法】

1. 猪肝除去筋膜，切成薄片，加入料酒、姜沫、精盐腌制，番茄洗净，用开水烫一下，捞出去皮，切成块，加白糖腌制。

2. 锅置火上，放猪油烧热，下番茄块煸炒，添加老汤，烧沸后放入猪肝，至猪肝煮熟，撒入胡椒粉、味精，盛入汤盆即可。

【材料】

番茄 150 克，猪肝 200 克，精盐、味精、料酒、姜、猪油、白糖、胡椒粉、老汤各适量。

黄瓜拌耳丝

【材料】

卤猪耳朵 1 只，黄瓜 80 克，香菜几根，熟蛋白 50 克，葱、酱油、花椒粉、盐、味精各适量。

【做法】

1. 将猪耳朵切成丝，放入盘内，黄瓜洗净，与熟白蛋切成丝放在耳丝上，用以点缀。

2. 在耳丝上淋入香油、酱油，撒上香菜拌匀即成。

温馨提示

酱猪耳朵、熟猪耳朵均可做原料切好，如不立即吃，不要急于拌调料。

温馨提示
可加上少许木耳、香菇等一起炒制，以使色
泽美观。

黄瓜肉片

【材料】

黄瓜 300 克，盐 4 克，猪瘦肉 150 克，酱油 15 克，料酒 10 克，淀粉 25 克，豆油 40 克，葱姜沫各 3 克，米醋 3 克，香油 5 克。

【做法】

1. 将黄瓜去蒂洗净，切成薄片，放在碗内，加盐 2 克腌制 5 分钟，用清水洗净，沥净水分。

2. 把猪瘦肉去筋膜，洗净后切成薄片，放在碗内，加上酱油 5 克、料酒和淀粉拌匀上浆。

3. 炒锅置火上，放豆油烧至五成热，放猪肉片煸炒 2 分钟，放葱、姜沫，黄瓜片炒香，加上盐 2 克、酱油 10 克、米醋和香油调好口味，炒匀上桌即可。

小技巧
1. 记得不要省略三种必需的调料: 姜、酒、糖。
2. 芥蓝要爽口才好吃，所以炒的时间不用太长，以免影响口感。

腊肠炒芥蓝

【材料】

芥蓝 500 克切段，腊肠 2 根切片，生姜几片，白酒 5 毫升，白糖 3 毫升，盐适量。

【做法】

1. 烧一锅水，滴几滴油，水开后放进芥蓝灼烫至变青绿。

2. 全部转色后，捞起沥干水分。

3. 热油锅，爆香姜片。

4. 放腊肠进锅，翻炒至腊肠变透明。

5. 倒进沥干水分的芥蓝，爆炒 1 分钟。

6. 加入白酒，翻炒均匀。

7. 加入白糖、盐，翻炒均匀出锅。

芥蓝炒鸡杂

【做法】

1. 将芥蓝洗净切片，鸡肾切花，鸡肠加盐搓洗净，切段，鸡肝切块，备用。

2. 锅下油烧至五成热，下鸡杂炒至将熟捞出备用。

3. 将锅中余油爆香姜片、蒜蓉、葱段，加入芥蓝片炒至七成熟，再加鸡杂，下调味料炒至熟。

【材料】

芥蓝300克，鸡杂3副，食用油，姜片、蒜蓉、葱段各适量。

凉拌蚬肉

【做法】

1. 黄蚬子清洗干净。

2. 水烧开倒入1小勺盐。

3. 将黄蚬子倒入开水中煮，拿着筷子看见有张嘴的就立刻捡出来防止肉质变老。

4. 煮蚬子的水不要倒掉，等水温冷下来后，倒入一个干净的盆中，找个镂空的小篮子放在水中。

5. 煮熟的蚬子去掉外壳，将蚬子肉倒在小篮子里，用筷子轻轻搅动反复清洗掉泥沙。

6. 清洗干净后盛入容器中控干水分，最后将作料一起放入轻轻搅拌均匀就可以了。

【材料】

黄蚬子，青红椒圈，盐，大蒜沫，辣椒油，花椒油。

苦瓜炒肝片

【做法】

1．将苦瓜洗净，去瓤后切成片，放入沸水锅内焯一下，捞出控干水分。

2．猪肝洗净片成薄片，放在碗内，加盐2克、料酒10克腌15分钟，放入沸水锅内烫熟，捞出控净水分。

3．用碗兑芡汁：蒜片、酱油、盐2克、白糖、料酒15克、米醋、味精、清汤和水淀粉。

4．炒锅置火上，放熟猪油烧热，倒入苦瓜片和猪肝片稍炒，烹入兑好的芡汁，迅速炒拌均匀，淋上香油，出锅装盘上桌即可。

【材料】

苦瓜200克，猪肝200克，盐4克，料酒25克，蒜片5克，酱油15克，白糖3克，米醋3克，味精3克，清汤（或水）25克，水淀粉15克，熟猪油30克，香油5克。

干煸青椒苦瓜

【材料】

青椒150克，苦瓜250克，大葱15克，姜5克，酱油15克，盐5克，味精5克，花生油20克。

【做法】

1．将苦瓜从中间切开，挖净瓤，和青椒同时洗净，同样切细条，葱姜切片待用。

2．锅烧热，把辣椒和苦瓜同时下锅，不要放油煸炒，用小火慢慢煸炒，待水分将干时倒在盘中。

3．锅中放油烧热，把葱、姜下锅稍炒，随即把辣椒和苦瓜、酱油、精盐、味精一起放入锅中，炒熟即可。

小贴士

绿豆芽为豆科植物，是绿豆的种子发出的嫩芽。食用芽菜是近年来的新时尚，芽菜中以绿豆芽最为便宜，而且营养丰富，是自然食用主义者所推崇的食品之一。绿豆在发芽的过程中，维生素C会增加很多，所以绿豆芽的营养价值比绿豆更大。

青椒豆芽

【材料】

灯笼青椒 100 克，绿豆芽 200 克，味精、花椒油、精盐、麻油各适量。

【做法】

1．将青椒去蒂、筋、子洗净，切成细丝；绿豆芽去根、叶洗净。

2．炒锅上火，注入清水烧沸，分别将青椒丝、豆芽烫熟，并保持质脆嫩，捞起沥干水分；将两者合并，加精盐、味精、花椒油、麻油拌匀即成。

酸辣黄瓜

【做法】

1．将黄瓜洗净，切去两头，切成瓜条，放入容器中，加精盐腌制 10 分钟。

2．将生姜去皮洗净，切成姜丝；蒜头剥皮，斩成蓉；干辣椒洗净，切成丝待用。

3．将黄瓜条沥去水分，加味精、白糖、白醋，放入盘中拌匀。

4．炒锅上火烧热，倒入麻油，将姜丝、蒜蓉、干辣椒丝煸炒出香椒味，起锅浇在黄瓜上即成。

【材料】

嫩黄瓜 250 克，干辣椒、白醋、生姜、白糖、味精、蒜头、精盐、麻油各适量。

茭白小米辣炒鸡丁

【做法】

1．鸡腿肉洗净，切丁，放入老抽及一半水淀粉腌制15分钟。

2．茭白与小米辣洗净切丁备用，盐、糖、蚝油与一半水淀粉兑在一起搅匀。

3．油热后下茭白丁炒到八成熟捞出备用。

4．油再次烧热后放入姜片、葱沫爆香，再倒入鸡丁炒变色。

5．倒入茭白与小米辣同炒，炒到熟透后淋上调料汁，收汁炒匀即可。

【材料】

茭白500克，鸡腿肉200克，小米辣6根，老抽10毫升，蚝油15毫升，盐2克，糖2克，水淀粉20毫升，姜片、葱沫适量。

怪味鸡

【材料】

公鸡（或大笋鸡）肉500克，香油25克，香葱、白糖、辣椒、芝麻各15克，味精3克，酱油40克，花椒粉1克，醋10克，麻酱15克。

【做法】

1．芝麻炒黄，磨成粗面，葱切成沫。

2．将鸡肉用白水煮熟后凉透，捞出后擦去水分，抹上香油。

3．用除鸡肉和芝麻以外的材料勾兑成汁。

4．将汁浇在盆内的鸡上，最后撒上芝麻即成。

温馨提示

1. 掐菜就是豆芽把两端掐掉，其实没有必要，最有营养的地方去掉实在可惜，所以还是保留为好，家里吃没必要那么讲究。

2. 鸭肉用带皮的烤鸭比较好，有点油，这样会更香。

3. 绿豆芽焯水或者开水冲一下是为了去除豆腥，但记得马上用凉水浸泡或者冲洗，否则就不脆了。

4. 韭菜叶没有放，是因为怕影响整道菜的"脆"感，所以只用韭菜梗。

5. 记住关键点就是大火快炒。

小技巧

藕带入锅后整个过程里，动作要麻利，最好翻炒时间不超过3分钟，以保持藕带的脆嫩，不破坏它的清香。

炉鸭丝烹掐菜

【材料】

烤鸭（鸭胸肉），韭菜梗，绿豆芽，生姜，花椒，大葱，盐，料酒。

【做法】

1. 把烤鸭肉顺着纹路切成细条。

2. 韭菜切成小段，只用梗的部分。

3. 豆芽用开水冲烫一下后浸泡在凉水里。

4. 热锅冷油加入生姜片、花椒和大葱丝煸炒出香味，有点变色后从锅里拿出扔掉。

5. 在锅里放入鸭肉细条煸炒一下。

6. 加入豆芽大火翻炒。

7. 马上放几滴料酒。

8. 用盐调味。

9. 放入韭菜梗再大火翻炒几下就可以出锅了。

酸辣藕带

【材料】

藕带，干红辣椒丝，姜丝，盐，醋。

【做法】

1. 新鲜藕带洗净斜切成寸段，泡在水里以免变色（要是藕带偏老或不太新鲜，就需要去下皮）。

2. 红辣椒切丝备用。

3. 热锅下油，放入姜丝、干红辣椒丝，小火煸至出香味。

4. 倒入沥过水的藕带和切好丝的红辣椒，快速翻炒，至断生，加入白醋、盐调味翻炒均匀即可。

大盘鸡

【材料】

三黄鸡1只，土豆2个，青、红椒各1个，葱头1个，西红柿1个，色拉油，葱姜蒜，干辣椒，番茄酱，豆瓣酱，花椒，盐，生抽，糖，胡椒粉，料酒。

【做法】

1．鸡剁小块洗净，用料酒、生抽、少许盐腌制15分钟。

2．土豆切滚刀块，青椒、红椒切滚刀块，西红柿切丁，半个洋葱切块，葱切段，姜去皮拍碎，蒜拍碎。

3．锅中放油，七成热放糖熬化，变金黄后放鸡块翻炒均匀，约3分钟后捞出待用。

4．锅中放油，土豆用油煎3分钟捞出待用。

5．锅中放油，七成热放花椒、干辣椒、豆瓣酱小火炒3分钟，然后大火爆香葱、姜、蒜，再依次放鸡块、西红柿、番茄酱和土豆，翻炒2分钟。

6．调入少许生抽、料酒，倒适量开水没过菜，煮开后改小火炖10～15分钟。

7．最后放入青红椒块和葱头，用盐调味，再炖10分钟左右至汤汁变浓，加胡椒粉后即可出锅。

糖醋紫姜丝

【材料】

紫姜，盐，白糖，米醋。

【做法】

1．紫姜洗净，晾干后切丝备用。

2．在姜丝里加入1克盐，上下抖动抖匀。

3．在姜丝上压一重物，腌制一夜。

4．隔夜后将渍出的姜汁倒掉（怕辣的可以用凉水洗一遍）。

5．往腌制过的姜丝内加入白糖和米醋，浸过姜丝为宜。

6．放冰箱保存，隔夜装盘即可。

小贴士

1．吃饭不香或饭量减少时吃上几片姜或者在菜上放一点嫩姜，都能改善食欲，增加饭量，所以俗话说："饭不香，吃生姜。"

2．姜可煎汤内服，作料，入菜炒食，或切片灸穴位，老姜可做调料或配料等。

3．吃姜一次性不宜过多，以免吸收大量姜辣素，在经肾脏排泄过程中刺激肾脏，并产生口干、咽痛、便秘等"上火"症状。

4．烂姜、冻姜不要吃，因为姜变质后会产生致癌物，由于姜性质温热，有解表功效，所以只能在受寒的情况下作为食疗应用。

清拌扁豆

【做法】

1.将扁豆去筋洗净，放沸水中烫熟，捞出，再放入凉水中漂捞出沥干，切成细丝。

2.将扁豆放入盘内，加入白糖、精盐、味精、香油拌匀，撒上白芝麻即可。

【材料】

扁豆 250 克，香油 5 克，白糖 3 克，精盐 2 克，味精 0.5 克，白芝麻 2 克。

糖醋萝卜片

【做法】

1.选无糠心、无虫伤和比较嫩脆的咸萝卜，切成 0.2 厘米厚的方形片，投入清水中浸泡 2～3 小时，中间换两次水，待还略有咸味时捞出控干。

2.将萝卜片放进烧沸的酱油、醋混合液中浸泡，第二天放入白糖与生姜丝，搅拌均匀，5 天后即成。

【材料】

咸萝卜 4 千克，白糖 1 千克，酱油 600 克，醋 600 克，鲜姜 60 克。

酸辣萝卜炒鸡丁

【做法】

1. 将萝卜切小块用盐腌制一下后冲洗，这样处理的萝卜更脆。

2. 将萝卜丁放入由野山椒、白醋、白糖、适量清水调和的汁液中浸泡1天。

3. 鸡胸肉切丁，用玉米淀粉、酒、盐腌制一下。

4. 锅入油，放入姜丝爆香，放入鸡丁炒熟。

5. 将酸萝卜、剁椒放入，加入适量盐和鸡精调味炒匀，最后放入香菜炒几秒就可以出锅。

【材料】

鸡胸脯肉，野山椒，玉米淀粉，酒，盐，姜，香菜，剁椒，白醋，冰糖或绵白糖。

清炖萝卜牛肚

【材料】

熟牛肚400克，白萝卜500克，盐1小勺，胡椒粉1小勺，牛肉汤700毫升（没有就用热水代替），料酒1小勺，葱、姜少许。

【做法】

1. 熟牛肚买回来上面抹少许盐揉搓，用温水冲洗干净，去掉表面的油脂，白萝卜洗净。

2. 牛肚切条，白萝卜切块，葱姜切成小块。

3. 锅内加开水或者牛肉汤烧滚，加入牛肚、葱姜、料酒，大火烧开小火炖20分钟。

4. 加入萝卜块继续炖半小时，出锅前加盐和胡椒粉调匀即可。

蛤蜊蒸蛋

【做法】

1.蛤蜊用清水刷洗干净；小锅中放少许水，切几段姜丝大火煮开后放入蛤蜊煮至壳微微张开，捞出蛤蜊，将汤水过滤备用。

2.3个鸡蛋打散后，按1:1或1:1.5的比例倒入蛤蜊汤水，边倒边彻底搅拌让蛋液与汤水融合后，加少许盐及鸡粉调匀并过滤掉泡沫。

3.取1深盘，铺上蛤蜊，倒入蛋液，盖一层保鲜膜，入开水锅中火蒸8～10分钟，熟后取出撒葱花及香油即可。

【材料】

蛤蜊，鸡蛋，姜丝，葱花，盐，一点鸡粉（可不用），香油。

蒸酥肉

【材料】

猪肉（肥肉均匀最好），鸡蛋，淀粉，葱，姜，食盐，料酒，酱油，老抽，花椒，大茴。

【做法】

1.猪肉适量洗好，将猪肉切大片。

2.猪肉里放入少许酱油和料酒，再放入半个鸡蛋和适量淀粉以及适量食盐，将肉片均匀上浆后放置10分钟左右。

3.炒锅放入食用油,油温适合(可以下入一片肉试试油温,一般一片肉下锅,能漂浮就行)。

4.将肉片下锅划散（如果油温过高容易使肉片粘连在一起，不容易划散，所以，掌握好油温才能炸好肉片），肉片炸好后捞出沥油备用。

5.准备葱、姜片、花椒、大茴和干红辣椒，不喜欢辣的可以省略辣椒。

6.取一只碗，放入半碗水，高汤更好，碗内加入老抽，再将葱段、姜片、花椒、大茴和干红辣椒放入碗内，加入适量食盐。

7.将炸好的肉片放入调好味道的碗内，放入笼屉内蒸制，蒸的时间在40分钟以上，出锅另扣盘或原碗直接吃都可以。

香肠扁豆

【材料】

扁豆 300 克，香肠 100 克，熟猪油 30 克，葱沫 5 克，料酒 10 克，盐 3 克，汤（或水）75 克，味精 2 克，水淀粉 10 克，熟鸡油 5 克。

【做法】

1. 将扁豆掐去两端，去筋洗净，斜切成长 4 厘米的段，放入沸水锅内用旺火焯熟，捞出沥净水分。

2. 把香肠放一盘中，上屉蒸 5 分钟，取出后切成片备用。

3. 炒锅置火上，放熟猪油烧至五成热，放葱沫炝锅，倒上扁豆和香肠炒一下，加入料酒、盐、汤，烧沸后放入味精，用水淀粉勾芡，淋入熟鸡油，出锅装盘上桌即成。

土豆蒜香鸡翅根

【材料】

鸡翅根 1 个，中等大土豆 1 个，奥尔良烤肉料，蒜 4 瓣，生菜，干薄荷，生抽。

【做法】

1. 鸡翅根用烤肉料、蒜沫、生抽和干薄荷叶一起腌制，入冰箱冷藏一夜。

2. 烤盘上垫上锡纸，刷层油。

3. 将土豆去皮切成片，摆上。

4. 将腌制好的鸡翅根放上，顺便倒点腌料。

5. 放入预热好的烤箱，中层 200 度 15 分钟，翅根翻面，刷层腌料，再烤 15 分钟左右。

6. 食用时搭配生菜，营养而不油腻。

温馨提示

1. 没有烤肉料可以用自己喜欢的调料配制适合自己的口味。

2. 倒点腌料可以让土豆吸足了味道，吃起来非常香；用土豆也能减少鸡翅根的油腻感。

3. 各家烤箱温度有差别，可自行调整时间。

蒜苗炒香肠

【材料】

蒜苗，香肠，大蒜瓣，青红辣椒。

【做法】

1．将大蒜切碎，青红辣椒切小段，香肠切片装盘备用，蒜苗切成 1 寸见方的小段。

2．锅内烧热水，放入蒜苗段焯水，可以稍微多煮一下，使得蒜苗变软，将焯好水的蒜苗段捞出，备用。

3．另起锅，放入油，烧热，下大蒜爆香，下青红辣椒，翻炒均匀，下香肠片翻炒均匀，下焯软了的蒜苗。

4．一边加料酒一边整个的翻炒，加入适量的食盐即可出锅。

小技巧

1．蒜苗特别不容易熟，一定要用热水焯一道水，焯水的时候可以放入适量的油，保证蒜苗的颜色，焯水时间不宜过长，煮得太软了，蒜苗没有鲜味。

2．如果最后发现蒜苗还是比较生的话，可以边放料酒边翻炒，还可以适量的加一点高汤或是水，焖一下，但水不能加多，焖的时间越短越好，只要蒜苗断生了就可以。

3．如果担心香肠里面的亚硝酸盐太多，可以先蒸一下，把蒸出来的水倒掉再炒，亚硝酸盐就去掉了很多。

豉椒香肠

【材料】

香肠 4 小根，青椒、红椒各 1 个，大蒜 2 瓣，豆豉 1 小包，料酒、酱油各 1 大匙，盐半小匙，胡椒粉少许，水 4 大匙，植物油 2 大匙。

【做法】

1．将香肠洗净蒸熟，待凉后切片。

2．将青、红椒分别洗净去子后切块，将大蒜切沫，豆豉洗净备用。

3．热油 2 大匙，先炒青、红椒，再放入蒜沫和豆豉，最后加入香肠和所有调味料，拌炒均匀即可。

小贴士

茄子是少有的紫色蔬菜，营养价值也很独到。尤其是茄子皮，富含多种维生素，可以预防高血压、动脉硬化、脑血栓等常见病。夏天里，老年人最适合多吃点茄子。

香辣肉沫茄子

【材料】

茄子2个，猪肉（沫）1两，洋葱、姜、蒜、胡椒粉、郫县豆瓣、酱油等均适量。

【做法】

1. 给肉沫加调料腌上，按个人口味酌量加胡椒粉、酱油等调味料。

2. 洋葱切碎，蒜切片，茄子切段，撒上盐放一边腌上。

3. 锅里放少许油，烧热，下洋葱和蒜片，煸炒出香味后下肉沫翻炒。

4. 肉沫渐渐断生后加入适量酱油继续翻炒。

5. 先单独炒制郫县豆瓣至出红油，之后混合肉沫继续翻炒。

6. 腌好的茄子挤去水分，下锅炒1～2分钟即可，加入少许醋和适量水，水量与茄子持平即可，喜欢汤汁多的可再多加一点，盖上盖子焖煮3～5分钟。

7. 打开盖子继续翻炒到习惯的汤汁程度即可起锅，可加点青、红椒点缀一下。

【材料】

海带丝，五香豆腐干，红辣椒，海米，盐，洋葱，芝麻，醋，香油。

香干海带丝

【做法】

1. 将海米用流动水冲洗干净，再放入沸水中浸泡约20分钟，使其充分泡发。

2. 红辣椒洗净去子，切成4厘米长的细丝。五香豆腐干先片成薄片，再切成细丝。洋葱剥去外皮，切成细丝。

3. 将鲜海带丝放入沸水中汆煮3分钟，随后捞出用冷水冲凉。

4. 在汆好的海带丝中加入五香豆腐干丝、洋葱丝、红辣椒丝和海米，再调入香醋、芝麻香油和盐搅拌均匀。

5. 最后撒入白芝麻即可。

小技巧

1. 蒸藕丸一定要用青菜叶垫底, 荷叶或箬叶垫底蒸出后的清香效果不如青菜叶。

2. 拌藕要顺同一个方向不停地搅。

3. 最好选七孔藕, 若是用了九孔藕, 须滗去一些藕碎里的水分。

4. 蒸好的藕丸有三种吃法：直接吃；浇淋一道热猪油再吃；另配蘸汁, 蘸着吃。

【材料】

鲜香菇 200 克, 豆腐、火腿肠、小白菜、葱花、鸡油、鲜汤、盐、味精、鸡精各适量。

清蒸藕丸

【材料】

藕, 猪肉, 海米, 葱花, 盐, 红薯粉, 青菜叶。

【做法】

1. 将藕去节洗净削皮, 置小眼铁筛上磨出藕碎, 猪肉剁成细丁, 海米用温水泡 2 分钟后沥干剁细碎, 葱切葱花待用。

2. 将藕碎、肉细丁混合拌匀, 先放一点盐调味 (因为海米有咸味)。

3. 将海米碎、红薯粉一同放入拌匀, 此时再适量添加盐调味。

4. 取一撮乒乓球大小的料, 放在掌心中顺同一方向摇晃, 摇出圆圆的藕丸。

5. 小蒸笼里先垫一片青菜叶, 将藕丸放在青菜叶上 (建议用青菜叶)。

6. 旺火烧开蒸锅里的水, 置上小蒸笼, 中大火蒸 10 ~ 15 分钟即可。

香菇豆腐汤

【做法】

1. 将香菇去其根部, 清洗干净, 用刀斜片成片。

2. 豆腐切成片, 然后放入沸水锅中, 放盐余焯一会儿起锅待用。

3. 火腿肠切片, 小白菜清洗干净, 去其根部。

4. 锅置旺火上, 烧鲜汤至沸时, 放入香菇、豆腐片、火腿肠, 至开, 用勺撇去浮沫, 放入鸡油、盐, 放入小白菜煮至断生, 调入鸡精、味精, 和均匀起锅装入汤碗内, 撒上葱花即成。

鲫鱼豆腐汤

【做法】

1．鲫鱼开膛去内脏，去鳞去鳃，洗净，抹干，用盐和料酒稍腌待用。

2．豆腐切成1厘米厚的块。

3．沙锅烧热，放入少量油，将鲫鱼放入，煎至两面呈金黄色。

4．加入葱姜，加入足够开水（5小碗左右）。

5．加盖，烧开后转小火（如果想要汤色雪白，就用大火煲10分钟），煲40分钟。

6．加入豆腐，再煮5分钟左右，加盐和胡椒、鸡精调味即可。

【材料】

鲫鱼1条，豆腐1盒，姜3片，葱3段，油，盐，胡椒，料酒，鸡精。

百合炒虾仁

【做法】

1．将百合剥成瓣洗净，沥干；荷兰豆去角筋洗净切成两段；将虾去虾皮，去虾线，洗净。

2．将处理干净的虾仁放入小碗中，加入盐、胡椒粉搅匀；将荷兰豆放入开水中焯一下快速取出，然后放入凉水中浸泡，激凉保持翠绿。

3．炒锅倒入适量油，烧至五成热时，下入虾仁划散，变色后捞出。

4．炒锅留底油，烧热后下入葱沫炒香，加入虾仁，烹入料酒，加入百合、盐、糖、生抽、胡椒粉及少许鲜汤，翻炒片刻待熟，放入荷兰豆炒匀，即可出锅。

【材料】

鲜虾100克，百合50克，荷兰豆150克，葱沫，盐，胡椒粉，糖，料酒，生抽。

番茄拌豆腐

【材料】

豆腐 300 克，番茄 50 克，香葱 10 克，白糖 5 克，盐 3 克，味精 2 克。

【做法】

1. 豆腐用开水烫透取出，捣成泥状，香葱切碎末。

2. 番茄用热水烫一下去皮，切成小块和豆腐香葱沫混合一起装盘拌匀。

3. 放入白糖、盐、味精，拌匀即成。

脆皮豆腐

【做法】

1. 将日本豆腐去胶皮，切成圆块，鸡蛋、面粉、生粉、盐、白糖、精炼油放入碗中，调匀制成脆皮浆，静置 30 分钟。

2. 锅置旺火上，烧精炼油至四成热，用筷子夹住豆腐放入脆皮浆中裹匀，下锅炸定型捞出，待油温加升至六成热时，放入重炸至呈金黄色，捞出装盘，随果酱碟一起上桌蘸食即可。

【材料】

日本豆腐 3 块，鸡蛋、面粉、生粉、盐、白糖、精炼油、什锦果酱碟各适量。

【材料】

白玉豆腐250克，香菇，大葱，老姜，盐，鸡油，味精，鸡精，鲜汤，香竹叶，胡椒粉。

竹筒香菇豆腐

【做法】

1.白玉豆腐切成丁，然后放入沸水锅中汆一下，捞出放入香竹筒中；香竹叶用水浸泡几分钟取出，冲洗干净，放入竹筒中。

2.香菇洗净，切成丁；老姜去皮洗净，切成姜片。

3.大葱洗净，取其葱白，切成段，然后放入竹筒中；将盐、胡椒粉、鲜汤、香菇丁、姜片全部放入竹筒中和匀，盖上盖，上笼旺火蒸制10分钟，取出放入味精、鸡精、鸡油和匀，上桌即可。

【材料】

松仁玉米套装1袋，胡萝卜、青红椒各50克，糖1小勺，盐一点，水淀粉1大勺。

多彩松仁玉米

【做法】

1.胡萝卜、青红椒切小丁，松仁玉米套装的玉米沥干水分。

2.锅烧热，下松仁小火慢慢焙香。

3.锅内少许油烧热，下胡萝卜炒半分钟，下玉米粒炒1分钟。

4.倒入青红椒、糖、盐、水淀粉炒1分钟。

5.出锅前撒入松仁即可。

冬笋腐竹

【做法】

1. 将干腐竹放入清水中浸泡约 1 小时，取出挤干水分，切成段；海米用清水浸泡，沥干水分；冬笋尖切成片；葱段、姜块用刀拍松。

2. 将色拉油、葱段、姜块放入深盘中，用高火加热 2 分钟，烹入料酒、酱油，用微波炉高火加热 1 分钟，放入海米，加入精盐、白糖、适量清水拌匀，再用高火加热 2 分钟。

3. 将腐竹、冬笋放入海米盘中，用中火加热 10 分钟，取出淋入芝麻油即成。

【材料】

干腐竹 200 克，冬笋尖 50 克，海米 30 克，芝麻油、料酒、酱油、色拉油、葱段、姜块、精盐、白糖各适量。

葱油茄子

【材料】

嫩茄子 250 克，酱油、味精、葱油、精盐、清汤、蒜蓉、白糖、麻油各适量。

【做法】

1. 将茄子削去两头洗净，切成长 6 厘米、宽 1.5 厘米的长条排在盘中，放上精盐、味精、清汤、蒜蓉，上笼蒸 15 分钟，取出滗去汤汁冷却。

2. 将葱油、酱油、白糖、味精、麻油调匀，浇在茄条上，拌匀即成。

葱油鱼片

【材料】

鱼肉，葱，姜，蛋清，淀粉，食盐，味极鲜酱油，白糖，食用油，鲜贝汁。

【做法】

1. 草鱼一条整理干净，小葱一把洗净备用，姜适量。

2. 取草鱼颈部的肉一块，用刀剔去鱼皮，片好鱼片备用。

3. 将做好的鱼片放入大碗中，放入 1 个蛋清，加入少许淀粉，同时可以放入少许食盐，也可以不放盐，直接用酱汁调味。

4. 将鱼片调拌均匀，腌制 10 分钟。

5. 锅内加入清水烧开，逐片下入腌制好的鱼片，将煮好的鱼片捞出放入盘中。

6. 取调料碗，倒入味极鲜酱油和鲜贝汁，这两样调味品也可以只选择一样，加入白糖搅拌均匀（制作料汁的时候，可以根据自家的口味进行调配）。

7. 葱分葱白和葱叶两部分，葱白切长段，葱叶切葱花，姜切丝备用。

8. 将调料汁均匀淋在制作好的鱼片上，然后撒上葱花。

9. 另取锅放入食用油，放入几粒花椒和葱段，小火炸香。挑去花椒粒和葱段，将热油淋在葱花上，用热油激发葱花的香气，同时提升整个鱼片的滋味。

南熘鱼片

【材料】

草鱼肉，鸡蛋，淀粉，面粉，苏打粉，食盐，食用油，料酒，白糖，番茄酱，香醋。

【做法】

1. 草鱼肉适量，鸡蛋一个或者蛋黄两个，淀粉和面粉适量，白糖、番茄酱和香醋备用。

2. 将草鱼肉片成薄鱼片备用。

3. 将鱼片放入碗中，加料酒和食盐腌制。

4. 全蛋一个或者蛋黄两个打成蛋液，蛋液里加入淀粉和面粉，比例为 2：1，同时放入少许苏打粉和少许食盐，如果腌制鱼片的时候盐放的多，就可省略。

鸡腿菇熘鱼片

【做法】

1．将鸡腿菇去其根部，清洗干净，切成片，然后放入沸水锅中汆熟，捞出待用。

2．草鱼宰杀去鳞、内脏，清洗干净，取净鱼肉，用刀片成片，然后放入碗中，加盐、料酒、胡椒粉、鸡蛋精、淀粉拌和均匀，码味待用。

3．老姜、大蒜去皮，清洗干净，切成指甲片。

4．泡辣椒去子及蒂，切成马耳朵形，大葱清洗干净，取其葱白，切成马耳朵形，取碗一个，将盐、料酒、味精、鲜汤、淀粉调成芡汁。

5．锅置旺火上，烧精炼油至四成热，下鱼片滑散，放入姜片、蒜片、泡辣椒、葱炒香，加入鸡腿菇炒入味，烹入芡汁，收汁亮油，起锅装盘即成。

【材料】

鸡腿菇100克,草鱼,盐,料酒,胡椒粉、鸡蛋、淀粉、鲜汤、味精、老姜、大葱、大蒜、泡辣椒、精炼油各适量。

5．将加入面粉和淀粉的蛋液搅打成均匀的鸡蛋面糊。

6．将腌制好的鱼片放入鸡蛋面糊里均匀裹上面糊，或者直接一片片的粘鸡蛋面糊炸制。

7．炒锅放食用油，烧至温热，将鱼片逐片下锅炸制，鱼片炸至金黄色时捞起，沥油后的鱼片晾凉。

8．进行第二次复炸，此步操作主要是为了使鱼片外皮更加酥脆，将复炸的鱼片捞起沥油备用。

9．炒锅放少许油，加入番茄酱和白糖、香醋炒匀，加入足量的清水煮开，清水加入淀粉调制成淀粉水放入锅中勾制酸甜味汁。

10．将炸好的鱼片倒入锅中，迅速翻炒出锅，保持鱼片外皮酥脆。

小技巧

熘的要点是急火快炒，这道鱼片最后的制作要诀是要保持炒制的手法快，只有快，鱼片才能保持酥脆口感，这道菜适合现做现吃。

【材料】
草鱼1条（1公斤左右），红、绿樱桃各5个，番茄酱50克，白糖100克，白醋30克，料酒10克，盐3克，葱、姜沫少许，干淀粉100克，花生油750克（约耗油250克）。

菊花鱼

【做法】

1. 鱼宰杀洗净去头、尾、大刺、软刺，片成两扇带皮净鱼肉，将每扇均匀分成5块，全部在肉面剞上十字花刀，每根穗如细筷子的方头。

2. 将打好刀的鱼肉用料酒、盐、葱姜末腌5分钟，沥干，蘸匀干淀粉；将红、绿樱桃切成两瓣待用。

3. 勺上注净油，六成热时下鱼肉，炸成外焦里嫩的菊花状，捞出装入盘中。

4. 坐炒勺加底油，下番茄酱、白糖、白醋炒融合后用水淀粉勾成红色的糖醋汁，浇在每朵菊花上，将红、绿樱桃放在每朵菊花蕊上点缀。

【材料】
芥蓝，蒜片，葱花，花椒，姜片，干红椒，盐，鸡精，香油。

凉拌芥蓝

【做法】

1. 生芥蓝去掉老根和黄叶，留嫩干以及嫩叶芽，截成段洗净备用。

2. 烧开水将芥蓝放入开水中焯一下，焯至颜色翠绿捞出过凉水，沥干放入器皿中备用。

3. 热锅放油，将姜片、蒜片、花椒放入热油中翻炒出香，捞出。

4. 放入干红椒翻炒几下，然后放盐、鸡精，滴几滴香油，最后撒入葱花，关火。

益气补血汤

【材料】

猪脊骨 250 克，党参 4 根，红枣 3 颗，桂圆肉 8 颗，枸杞子 20 颗，芡实 40 颗，盐 1/4 小匙。

【做法】

1. 猪脊骨斩大块洗净，放入开水锅内汆烫至出血水，捞起用冷水冲洗干净。

2. 锅子洗净，放入党参、红枣、桂圆肉、芡实，注入清水 6 碗。

3. 加盖大火煲开后，转中小火煲至剩 3 碗水时，加入枸杞子再煲 10 分钟。

4. 放入细盐调味即可。

温馨提示

这道菜是小朋友的最爱，其营养价值也特别适合少年朋友的成长。

三色肉丸

【材料】

猪瘦肉 300 克，鸡蛋 1.5 个，菠菜汁 15 克，红曲粉 6 克，精盐 5 克，味精 1 克，料酒 5 克，淀粉 45 克，葱、姜水 30 克，鲜汤 500 克。

【做法】

1. 将猪肉切碎，剁成泥，分成均匀的 3 份，放入碗内。

2. 将一份肉泥内加入红曲粉、精盐、葱姜水、鸡蛋半个、鲜汤 60 克及水淀粉少许，搅打上劲，调成红色肉馅。

3. 将另一份肉泥内加入菠菜汁、精盐、鸡蛋半个、鲜汤 60 克及水淀粉少许，搅打上劲，调成绿色肉馅。

4. 在剩下的那份肉泥中加入鸡蛋清、精盐、葱姜水、鲜汤 60 克及水淀粉，搅打上劲，调成白色肉馅。

5. 将上述 3 种肉馅分别挤成小丸子，下入温水锅内，待熟捞出。

6. 把炒锅置火上，放入余下的鲜汤，下入三色丸子，加入精盐、味精、料酒，烧开后用水淀粉勾芡即成。

八宝素菜

【材料】

白菜 50 克，栗子（鲜）50 克，冬笋 50 克，发菜（干）25 克，腐竹 30 克，香菇（鲜）30 克，油面筋 30 克，花生仁（生）20 克，盐，腐乳汁，味精，香油。

【做法】

1．将白菜洗净切段，下入开水锅内焯片刻。

2．栗子煮熟去皮。

3．冬笋洗净切片。

4．香菇、发菜、腐竹洗净，香菇切块，腐竹切段。

5．花生米煮熟，捞出控水。

6．将白菜段、栗子、笋片、腐竹段、面筋放入汤碗，上面码上香菇、发菜，撒上花生米，加水、精盐、腐乳汁，上锅蒸 30 分钟。

7．取出撒味精、淋香油即可。

葱爆羊肉

【做法】

1．大葱洗净后斜切片、姜切丝备用。

2．羊肉片加入盐、鸡粉、生抽、香油、料酒、葱、姜、丝各适量，搅匀腌制 15 分钟。

3．锅置火上，加少许油烧热，将一半的大葱爆香。

4．下入腌制好的羊肉片大火翻炒。

5．待羊肉略微变色，加入剩下的大葱。

6．迅速加生抽翻炒均匀，大葱炒至略塌秧，淋入香醋炒匀即可出锅。

【材料】

羊肉片，大葱，香油，盐，鸡粉，料酒，生抽，米醋，姜。

什锦蛋丝

【做法】

1.先将鸡蛋清、蛋黄分别打入2个盛器内，打散后加入少许水淀粉打匀（不可打起泡）。

2.再分别放入涂油的方盘中，入锅隔水蒸熟（用中小火，大火会起孔变老）。

3.冷却后取出，分别改刀成蛋白丝和蛋黄丝。

4.香菇用温水浸泡变软，青椒洗净挖去子，胡萝卜洗净，分别改刀成丝。

5.炒锅中加油，放入胡萝卜丝、香菇丝、青椒丝，煸炒至熟，放入蛋白丝和蛋黄丝，加入盐、味素，翻炒均匀，淋入麻油即成。

【材料】

鸡蛋2个，青椒50克，干香菇5克，胡萝卜50克，油、盐、味素、水淀粉、麻油适量。

温馨提示

葱叶用热油烫时油温不宜过高，以免烫煳。

葱油笋丝

【材料】

莴笋250克，葱叶50克，精盐6克，麻油10克，色拉油25克。

【做法】

1.莴笋洗净，去皮，切成4厘米长、0.5厘米粗的条，放入盆中，加入精盐5克腌制10分钟。

2.葱叶洗净，切成细末，放入碗中，浇入烧热的色拉油烫一下，晾凉后加入麻油、精盐调匀。

3.腌好的莴笋滗去水分，浇入调好的葱油拌匀，装盘即可。

【材料】
青鱼肉 500 克，青豆、番茄酱各 50 克，鲜汤、精盐、黄酒、味精、白糖、葱段、鸡蛋清、水淀粉、麻油、猪油各适量。

茄汁青鱼片

【做法】

1. 将青鱼肉切成薄片，加黄酒、精盐和味精拌匀，捞出待用；再放入鸡蛋清调匀，然后用水淀粉上浆；青豆下沸水锅中焯透。

2. 炒锅放猪油烧至五成热，将鱼片分片放入锅中炸熟后倒入漏勺内沥油。

3. 锅内留余油，放入葱段煸香，加入番茄酱，用小火略炒，再加鲜汤、黄酒、精盐、味精、白糖，倒入青鱼片和青豆，以大火收汁，用水淀粉勾芡，淋上麻油即可。

【材料】
苦瓜小半根，胡萝卜 1 根，草鸡蛋 3 个，盐、料酒各适量。

胡萝卜苦瓜煎蛋

【做法】

1. 苦瓜对半剖开去瓤切成条，再切小丁；胡萝卜切小丁，鸡蛋打散。

2. 分别将胡萝卜丁、苦瓜丁焯一遍水。

3. 打散的鸡蛋中放入苦瓜丁、胡萝卜丁、盐、料酒少许。

4. 锅中放入橄榄油，转动锅，使油平铺锅面，倒入蛋液，转动平底锅，使蛋液均匀铺到锅上。

5. 小火加热，表面凝固后翻面，再煎 1 分钟即可。

桂花果香牛肉

【材料】

牛腱 2000 克，果酱 3 汤匙（45 克），桂花陈酒 300 毫升，葱段 4 个，姜片 4 片，花椒 1 茶匙，八角 1 颗，生抽 2 汤匙（30 毫升），老抽 1 汤匙（15 毫升），料酒 2 汤匙（30 毫升），盐 1 汤匙（15 克），香叶 1 片，小茴香 1 茶匙，桂皮 1 块。

【做法】

1. 牛肉用清水洗净，泡出血水。

2. 锅中加满清水，放入葱段、姜片、香叶、花椒、八角和料酒，把整块牛肉放入清水中，开火加热，烧开后撇去浮沫，炖煮期间，不要盖盖子，让酒和热气带着腥味挥发掉，炖煮 30 分钟后捞出控干备用。

3. 锅洗净擦干，加热倒入少许底油，放入葱段和姜片，再放入白水煮过的牛腱子肉，把桂花陈酒倒在牛肉锅中。

4. 把香料混合，放入调料袋中。把调料袋放入锅内，然后锅内加满热水，微微没过牛肉为佳，开锅后盖上锅盖小火炖煮约 2 个小时。

5. 放入盐调味，再盖上盖子炖煮 1 个小时，待牛肉软烂，大火收汁即可取出晾凉后切片食用。

炒鱼片

【材料】

黑鱼净肉 250 克，南荠 60 克，黄瓜 70 克，水发木耳 8 克，料酒 20 克，精盐 6.5 克。

【做法】

1. 将鱼肉洗净，片成厚 0.2 厘米、长 4 厘米、宽 2.5 厘米的抹刀片，放盆内，加入盐 1.5 克、鸡蛋清、水淀粉 55 克、水少许拌匀上浆。

2. 将南荠洗净去皮，切成 0.3 厘米厚的片；黄瓜洗净切成象眼片，木耳摘洗净，大的改刀，将南荠和木耳用沸水焯透备用。

3. 旺火坐油勺，放入猪油烧至三四成热，将鱼片下勺，拨开滑透。

4. 原勺留少许底油烧热，用葱、姜沫炝勺，下南荠、木耳、黄瓜煸一下，烹入料酒，下鱼片，加少许高汤、盐、味精后翻拌，旺火炒均匀，水淀粉勾芡，淋花椒油，颠炒均匀，出勺装入平盘。

【材料】

三黄鸡1只（700～800克，尽量不要太大），老抽2勺，生抽4勺，蚝油1勺，糖饴1勺，柠檬半个，葱半根，蒜5瓣，姜5片，干香茅草4克，黄姜粉1克，米酒2勺，盐适量，蜂蜜1勺，塑料袋1个，牙签3根，锡纸一点。

温馨提示

烤鸡的时候，如果鸡是700克，烤50分钟足够了，每增加100克，就要增加大概10分钟的时间。所以选的鸡不要太大，不然外面烤干了，里面还不熟。

柠檬香茅草烤鸡

【做法】

1. 鸡洗干净，擦去水分，去头和爪子。

2. 姜切片，葱切断，蒜剥好就行，柠檬半个，挤汁，皮切成丁。

3. 鸡肚子里抹盐，不用很多，抹匀就好，把2克香茅草、葱姜蒜塞到鸡肚子里，用牙签把鸡屁股封住（牙签两头可以插个柠檬皮，这样就不用松动了）。

4. 酱油、老抽、蚝油、糖饴、柠檬汁、2克香茅草、姜黄粉和米酒混合成汁。

5. 把鸡放入做法4的混合汁液里，浸泡5分钟。

6. 拿出塑料袋，把鸡放进去，然后把做法4的混合液也倒进去，把口袋里的空气尽量挤干净，让袋子里呈一种半密封的状态，方便入味。

7. 冷藏至少12个小时，如果能冷藏24小时最好。

8. 冷藏1天后，取出鸡，去掉鸡身上的调料，取1勺老抽与蜂蜜混合液，用刷子刷在鸡身上，风干1～15分钟。

9. 把鸡翅尖和鸡腿根包好锡纸，以免烤糊。

10. 烤箱预热200度，热风＋旋转档，烤20分钟后，转到180度再烤30分钟即可。

干煎小黄鱼

【做法】

1. 小黄鱼清理干净内脏和鱼鳃。

2. 加入适量的盐、料酒腌制入味。

3. 鸡蛋加入适量的淀粉和五香粉，搅拌均匀。

4. 腌好的鱼放入搅拌好的蛋糊内，两面粘满蛋糊。

5. 再均匀地粘上面包糠。

6. 油锅烧热，下入小黄鱼。

7. 中小火，炸到金黄即可。

【材料】

小黄鱼，鸡蛋，面包糠，淀粉，盐，五香粉，料酒，油。

青椒炒鱼片

【做法】

1. 将鲢鱼段洗净，去骨，切成片状，青椒、胡萝卜分别洗净切成片。

2. 炒锅上火，下植物油烧至六成热，放入葱段略煸，再放入鱼片翻炒至变色，加入料酒、酱油、白糖、胡萝卜片、青椒片和少许水，烧沸。

3. 改小火，收浓汤汁，烹入食醋，放姜沫，用水淀粉勾芡，淋上香油，出锅装盘，再撒上葱沫即可。

【材料】

净鲢鱼段 150 克，青椒 30 克，胡萝卜 10 克，料酒、白糖、食醋、酱油、葱段、葱沫、姜沫、水淀粉、香油、植物油各适量。

【材料】

鲜鱼肉200克,青椒100克,鸡蛋清1个,花生油300克,香油、醋、精盐、蒜片、味精、白糖、水淀粉各适量。

青椒鱼丁

【做法】

1．将鱼肉洗净,切成1厘米见方的丁,用蛋清和水淀粉均匀上浆,青椒洗净切成同样大小的丁。

2．用精盐、白糖、醋、味精和水淀粉调成芡汁,待用。

3．炒锅置火上,放油,烧至五成热时放入鱼丁滑散,炸至鱼丁变白时,倒入青椒稍炸,即盛出,沥油。

4．锅内留底油,放入蒜片和芡汁,待汁熟时倒入鱼丁、青椒等,煸炒几下,淋入香油,出锅即可食用。

【材料】

小青椒,食盐,陈醋。

醋辣子

【做法】

1．青椒洗干净后不要破开,整个放在沸水中汆一下,然后在很少油的锅里慢慢焙出花纹。

2．软熟后放入适当的盐调味,倒入一个容器中。

3．倒入大量的醋腌一下,腌过的青椒继续用小火炒,因为泡过的辣椒太酸,所以适度炒一下会比较合口。

4．如果怕辣可以破开取出里面的白瓤。

青椒黄喉丝

【做法】

1．猪黄喉撕去筋络，用刀切成 0.2 厘米宽的丝。

2．青椒去蒂、去子，洗净，切成 0.2 厘米宽的丝。

3．锅中加水旺火烧沸，下入黄喉丝，烫约 3 秒钟捞出，青椒丝也放入锅内烫至断生。

4．将黄喉丝、青椒丝同放盘内，加入绍酒、酱油、精盐、花椒油，拌和均匀即成。

【材料】

猪黄喉 400 克，青椒 250 克，精盐 3 克，酱油 10 克，绍酒 10 克，花椒油 5 克。

青椒肉丝

【材料】

里脊肉，青椒，姜，蚝油，食用油，盐。

【做法】

1．里脊肉切丝，用姜丝、蚝油和食用油拌匀腌制 15 分钟左右。

2．青椒去子、去蒂、切丝。

3．锅里放少许油，烧热，放入腌好的肉丝，肉丝入锅后迅速将肉丝划散，炒至肉丝变白。

4．放入青椒，大火翻炒至青椒丝变软，加盐调味即可。

小技巧

1．里脊肉放冰箱冻 1～2 个小时后再拿出来切丝，这样就比较容易切。

2．青椒最好是选用薄皮的，还可以加一个红椒一起切丝，这样炒出来的菜品颜色更好。

3．腌制肉丝的时候除蚝油之外，还可以加少量的淀粉和鸡蛋清。不过只用蚝油腌制，味道就很好了。

蕨菜炒肉丝

【材料】

鲜蕨菜 200 克，里脊肉 150 克，红辣椒 2 个，葱花、姜沫各 10 克，精盐、酱油各适量，料酒、味精少许。

【做法】

1. 将蕨菜去掉叶柄上的茸毛和未展开的叶苞，将叶柄放入沸水锅内焯，捞出，切段。

2. 将猪肉洗净，切丝；炒锅加油，烧热，下肉丝煸炒至水干。

3. 烹入酱油，加入辣椒丝、葱、姜煸炒至熟，再加料酒煸炒几下，投入蕨菜至入味，放入味精，装盘备用。

肉丝炒蛋

【做法】

1. 鸡蛋磕在碗里打散，加精盐、味精搅匀、炒锅置中火上烧热，用油滑锅后，下猪油 60 克，倒入鸡蛋。

2. 用手勺推炒成嫩蛋皮，倒入漏勺。

3. 原锅再下猪油 25 克，将肉丝入锅煸熟，加绍酒、酱油、葱段和蛋，加水少许，淋入猪油 15 克炒匀，出锅装盘即成。

【材料】

猪肉丝 100 克，鸡蛋 5 个（重约 200 克），绍酒 25 克，酱油 10 克，精盐 1.5 克，味精 1.5 克，熟猪油 90 克，葱段 10 克。

海带丝炒肉丝

【材料】

水发海带 300 克，猪肉 50 克，盐、白糖、酱油各适量，食用油 15 克，姜沫少许。

【做法】

1．先将肥瘦适度的猪肉用清水洗净，顺纤维切成肉丝，入油锅旺火煸炒 4 分钟。

2．然后将海带用清水浸软泡发、用水洗净，切成细丝后，入锅。

3．随即加入作料和少量清水，再以旺火拌炒 4 分钟，即可勾芡出锅。

凉拌毛豆

【材料】

毛豆，姜蒜沫，辣椒油，红辣椒，蚝油，盐，鸡粉，八角，桂皮，花椒粒，白糖，凉拌香醋。

【做法】

1．将毛豆剪去两个角，洗净后沥水。

2．锅中烧水，加入八角和桂皮，煮至香味溢出，撒一点盐，将毛豆倒入，煮熟。

3．捞出毛豆并沥干水分。

4．另起锅，倒少许油和辣椒油（不喜辣者可不倒辣椒油），将姜蒜沫和花椒粒倒入炒香，淋在毛豆上。

5．撒些鸡粉和白糖，淋蚝油或香油拌匀，倒入香醋凉拌，冷藏后的口感更好。

小贴士

1．夏季是毛豆上市的旺季。毛豆，又叫菜用大豆，含有丰富的动物蛋白、多种有益的矿物质、维生素及膳食纤维。其中蛋白质不但含量高，且质量优，能够与肉、蛋中的蛋白质相媲美，易于被人体汲取利用，因为食品中专注含有完全蛋白质的食品。

2．毛豆中的脂肪含量明显高于其他品种的蔬菜，但其中多以不饱和脂肪酸为主，如人体必需的亚油酸和亚麻酸，它们能够改善脂肪代谢，有助于降低人体中甘油三酯和胆固醇。

3．毛豆中的卵磷脂是人脑发育不可缺少的营养之一，有助于改善大脑的回忆力和智力水平。

4．毛豆中还含有丰富的食品纤维，不止能改善便秘，还有益于血压和胆固醇的降低。

5．毛豆中的钾含量很高，夏天常吃，能够弥补因出汗过多而导致的钾流失，从而缓解由于钾流失而惹起的疲乏无力和食欲下降。

栗子扒白菜

【做法】

1.罐头栗子用开水焯一下，如果用生栗子，则切开口煮熟后去皮。将大白菜芯抽筋，顺切成条，清洗干净，用蒸锅蒸软，或用开水烫后捞出冲凉，修成长短一致的条并理顺，整齐地放在盘子内。

2.锅放油烧五成热，放葱、姜沫爆香，烹入酱油、盐、高汤、糖、蘑菇精，放栗子、糖，转微火稍煮，用水淀粉勾芡，翻勺，淋香油既成。

【材料】

白菜心400克，栗子罐头（或生栗子）250克，植物油40毫升，葱沫、姜沫各1/2茶匙（3克），酱油1茶匙（5毫升），糖1茶匙（5克），盐1/2茶匙（3克），蘑菇精1茶匙（5克），水淀粉35克，香油1茶匙（5毫升），高汤适量。

酱肉丝

【材料】

瘦猪肉300克，葱白50克，鸡蛋50克，熟猪油75克，淀粉25克，面酱5克，酱油15克，料酒25克，香油、味精各少许。

【做法】

1.选无筋膜的瘦肉切成丝，用鸡蛋、淀粉调糊浆好，葱白切成细丝，码在盘子中。

2.炒勺放火上，加油，烧到四成热时，将肉丝倒入勺内滑开、滑透，倒入漏勺控净油。

3.勺内留少许底油烧热，下面酱炒出香味，下肉丝煸炒，把料酒、酱油、味精放入，添少许鲜汤，勾芡，加明油出勺，浇在葱丝上，吃时拌匀。

青椒炒子鸡

【材料】

嫩鸡肉（去骨）250克，熟笋肉50克，大青椒25克，葱段10克，香醋2克，湿淀粉35克，清汤25克，绍酒10克，酱油25克，白糖10克，醋2克，芝麻油15克，熟猪油750克（耗油75克）。

【做法】

1．鸡皮朝下用刀拍平，再交叉排斩几下（刀深为鸡肉的2／3），切成1.7厘米见方的块，盛入碗内，加精盐，用湿淀粉25克调稀搅匀上浆待用。

2．大青椒去蒂、子洗净，切斜刀块。

3．笋、肉切滚料块待用。

4．碗中放绍酒、酱油、白醋、白糖、味精，加湿淀粉10克调芡汁待用。

5．炒锅置中火上烧热，用油滑锅，下猪油至五成热（约110度）时，放入鸡肉，用筷子划散，约10分钟后用漏勺捞出，待油温升至七成热（约175度）时，再将鸡肉入锅一滑，倒入漏勺。

6．锅中留油15克，放入葱段、青椒，煸透，下鸡肉和笋肉，即将清汤调入芡汁中搅匀倒入，再放猪油10克，迅速颠锅煸炒均匀，使鸡肉、笋肉包上芡汁，淋上芝麻油，出锅装盘即成。

温馨提示

1．这道菜特别简单，几乎是家家户户都会做的菜，基本上，没有人会做不成功。

2．土豆片切好后用开水焯烫一下捞出，过冷水再炒，不太容易糊锅底，炒的时间也短一些。

3．不焯烫的话也可以，直接煸炒完葱蒜后放入土豆片炒2分钟，再放入青椒炒2分钟就可以了。

4．喜欢吃辣的话，可以在炒姜蒜的同时放一些干红辣椒，或者把青椒换成辣椒。

青椒土豆片

【材料】

大土豆1个，青椒1个，青葱1根，大蒜3瓣，盐3克。

【做法】

1．土豆去皮切成薄片，锅中倒入清水大火煮开后，放入土豆片焯烫1分钟后捞出，过冷水后沥干备用。

2．青椒去蒂、去子后洗净，掰成一口大小的块，青葱洗净后切成段，大蒜去皮切薄片。

3．锅烧热倒入油，大火加热，待油六成热的时候，放入青葱和蒜片炒香，放入土豆片和青椒翻炒2分钟（其间可以淋一点清水，大约2汤匙（30毫升）），加入盐搅匀即可。

青椒拌肚丝

【做法】

1. 买回来的牛肚洗净，切成丝，青椒洗净去子，切成丝。

2. 将青椒丝和牛肚丝一起放入沸水中焯烫一下，捞出过凉控干水分。

3. 然后淋上花椒油，撒上蒜沫、白芝麻、盐、鸡精，拌匀即可。

【材料】

熟牛肚，青椒，蒜，白芝麻，花椒油，盐，鸡精。

豆腐青椒

【做法】

1. 青椒选中等个的，洗净去子，入沸水中氽一下，注意不要氽得太老。

2. 另将豆腐蒸熟，加盐、味精搅碎，填入青椒中，放冰箱中冷冻一下，稍发硬，即取出切成厚约1厘米的圆片，装盘后，淋入香油，喜食辣者，可加辣椒油。

【材料】

青椒3个，豆腐1块，盐、味精、香油各适量。

爆青椒干丝

【做法】

1．把青椒去蒂和子，顺长切成丝，五香豆腐干也切成丝。

2．大葱洗净，切成同样长短的丝。

3．净锅置火上，放油烧至七成热，放入切好的青椒丝炸一下后，捞叶控净油。

4．锅留少许油，复置火上，放入葱丝爆锅，再放入五香豆腐干稍煸炒，加上青椒丝、盐、白糖、味精，淋上香油，炒拌均匀后，起锅装盘上桌即可。

【材料】

青椒 300 克，五香豆腐干 100 克，大葱 25 克，油 500 克（约耗 50 克），盐 3 克，白糖 5 克，味精 5 克，香油 10 克。

柿饼肉丝

【材料】

柿饼 300 克，猪瘦肉 100 克，植物油 30 克，葱 15 克，生姜 1.5 克，精盐 1 克，黄酒 5 克，味精 1 克。

【做法】

1．将猪瘦肉洗净，切成丝，柿饼去蒂、核，洗后切成细条。

2．炒锅上火，放油烧热，下入葱、生姜煸香，再下入猪瘦肉丝煸炒。

3．加入黄酒、精盐、味精，待肉丝炒熟后，将柿饼丝放入，翻炒几下装盘即成。

酸辣包菜肉丝

【做法】

1．将里脊肉切丝，然后用生粉、生抽、油、五香粉、生姜粉入味，腌制15分钟。

2．包菜切丝，蒜刹末。

3．热锅放油，放入腌制好的肉丝滑炒，变色断生后铲出备用。

4．留底油，放入蒜沫爆香后，加入蒜蓉辣椒酱炒出红油后，放入包菜丝翻炒。

5．待包菜变软出水的时候加入炒好的肉丝，再加适量的醋一起翻炒1分钟，加盐和鸡精调味即可。

【材料】

里脊肉，包菜，蒜，蒜蓉辣椒酱，醋，生粉，盐，鸡精，油，五香粉，生姜粉，生抽。

蒜蓉猪耳

【材料】

猪耳400克，蒜蓉30克，姜片、精盐、味精、香料、辣酱油、葱段、料酒、醋各适量。

【做法】

1．将猪耳镊去毛，刮洗干净，入沸水锅中焯水2分钟，用清水洗净。

2．炒锅上火，放清水适量，投入猪耳、葱、姜、香料、料酒、精盐，用大火烧沸，撇去浮沫，转小火烧至能用竹筷戳通为度，捞出冷却。

3．将蒜蓉用温水泡好，辣酱油、醋、味精调匀；食用时，将熟猪耳切成细丝装盘，分别浇上辣酱油汁和蒜蓉汁即成。

葱爆兔肉

【做法】

1. 将兔肉切成长4厘米、宽1.7厘米的薄片，放入锅中，加精盐、绍酒5克和蛋清搅上劲，用湿淀粉10克上浆，加麻油10克搅匀，大葱切丝待用。

2. 把酱油、白糖、醋、味精、绍酒、湿淀粉10克盛入碗中配成汁，炒锅置中火上烧热，用油滑锅，然后下猪油烧至四成热（约88度）时，下兔肉，用筷子划散至熟，倒入漏勺。

3. 锅内留底油，将大葱、姜片入锅煸至有香味时，放入兔肉，将兑好的汁子加水15克浇入锅中，颠翻几下包上芡汁，淋上香油即可。

【材料】

生净嫩兔肉200克，蛋清1个，大葱100克，绍酒6克，酱油15克，白糖2克，姜片2.5克，醋2克，精盐1克，熟猪油500克（约耗60克），湿淀粉20克。

麻辣肉皮

【材料】

猪肉皮200克，辣椒油、酱油各15克，葱花25克，蒜泥5克，精盐、味精、醋、香油、白糖各少许。

【做法】

1. 将猪肉皮刮洗干净，煮熟，稍晾后用刀切成丝，放入盘内。

2. 加入辣椒油、酱油、精盐、味精、醋、香油、白糖、葱花、蒜泥拌匀即成。

拌牛肉丝

【做法】

1. 熟牛肉切成细丝，置于盘中。

2. 芹菜茎焯熟，切成小段。

3. 将芹菜段放在牛肉丝上，放入各种调料拌匀即成。

【材料】

熟牛肉 250 克，芹菜 50 克，辣酱、酱油、白糖、精盐、麻油、醋各适量。

豆豉青椒

【材料】

青辣椒 400 克，红辣椒 40 克，黑豆豉 100 克，色拉油 50 克，精盐 5 克。

【做法】

1. 青、红椒洗净切成小块。

2. 炒锅放在火上，放油烧热，放入青、红椒块煸炒出味，拨在一边放入豆豉翻炒到出香味，再放入精盐，炒匀即可。

清炒木耳菜

【材料】

木耳菜 350 克，花生油 15 克，蒜 15 克，水淀粉、香油各 8 克，料酒 3 克，精盐 2 克，味精 1 克。

【做法】

1．木耳菜洗净，捞出沥水备用，蒜切成沫。

2．炒锅放火上，倒入花生油烧热，放入蒜沫稍炒，倒入料酒，放入木耳菜、精盐、味精，用水淀粉勾芡，浇入香油，出锅即可。

麒麟桂鱼

【做法】

1．将洗净的桂鱼斩下头，把内脑骨略劈一下，使下颌处能扒开，能因此而平衡竖放。再将尾鳍部长约 6 厘米的地方，斜角切开，使鱼尾断处有 45 度的翘势。批下两侧鱼肉，用斜刀批成 2.4 厘米宽的薄块。背鳍骨装在长盆中央。

2．把冬菇、冬笋片、火腿片、薄鱼块，交错夹叠，依次排放在鱼背鳍骨的两侧。再按上鱼头、鱼尾，然后把味精、细盐放入白酱油中搅匀，淋浇在鱼身上，再放姜片、葱条，上笼蒸 10 ～ 12 分钟即熟，取出，除葱姜，并将鱼汁滗入锅中，用水生粉勾芡，加生油、麻油、胡椒粉搅匀，浇在鱼面上即成。

【材料】

桂鱼 1 条（约 850 克），熟火腿精肉片 75 克，水发冬菇（净料）70 克，熟冬笋片 75 克，细盐、姜片各半匙，香葱 3 根，白酱油、水生粉各 1 匙，麻油、胡椒粉各少许，生油 50 克。

木耳菜扒香菇

【做法】

1. 将木耳菜洗净，沥干水分，放入沸水锅内烫至断生，用凉水过凉，水发香菇择洗干净，片成片。

2. 将炒锅置火上，放入花生油，烧至七成热，下入蒜沫稍炸，放入香菇煸炒几下，烹入料酒，加入精盐、木耳菜，加水少许，转用旺火烧烂，加入味精，用水淀粉勾芡。

3. 淋入香油，盛入盘内即成。

【材料】

木耳菜500克，水发香菇或鲜香菇100克，花生油20克，精盐5克，味精2克，香油8克，料酒5克，水淀粉10克，蒜沫20克。

火腿烧菜花

【做法】

1. 将菜花洗净，切成小瓣，用开水烫一下，捞出，控净水分，火腿切成片。

2. 将油放入锅内烧热，投入菜花煸炒，然后加入火腿，炒熟后再放入精盐，加入鸡汤（或水）、味精，烧熟出锅即成。

【材料】

熟火腿150克，菜花、猪油30克，精盐8克，味精2克，鸡汤100克。

焦熘豆腐

【做法】

1. 豆腐洗净切成小块，放在淀粉中滚成球，蒜切成沫。

2. 色拉油放入炒锅中烧热，放入豆腐球炸呈金黄色，捞出，放入盘中。

3. 锅内留油少许，放入蒜沫、酱油、醋、香油、精盐、味精调制成汁，切片。

4. 炒锅中放油烧热，香菇、冬笋、葱片、姜片、蒜沫依次下锅，炒出香味，烹入料酒、酱油，加入适量开水，把豆腐、白糖、精盐、味精、胡椒粉依次放入，烧开转小火，待豆腐烧烂，取出放盘中，水淀粉勾芡，收浓汤汁，浇在盘中即可。

【材料】

豆腐400克，色拉油20克，淀粉10克，蒜、酱油、醋各5克，香油3克，精盐2克，味精1克。

麻酱拌莴笋尖

【材料】

嫩莴笋尖400克，芝麻酱、辣椒油各20克，甜酱5克，熟芝麻2克，花椒面1克，精盐、白糖各适量。

【做法】

1. 取莴笋的嫩尖部分，去叶和皮，洗净，先切成5厘米长的段，再切成细条，加精盐（5克）拌匀，腌制2小时，除掉涩味。

2. 将腌过的笋尖用清水洗净，沥干水分，放入人碗内。再把辣椒油、白糖、精盐、甜酱、花椒面、芝麻沫、芝麻酱一起混合成汁，浇在莴笋尖上，拌匀即成。

火腿鸡丁豆腐

【做法】

1．将豆腐去掉外皮，用刀碾碎。鸡脯肉、火腿切成0.5厘米的小丁。葱、姜切成沫。

2．锅内放猪油，下葱、姜沫和豆瓣酱略炒后放入豆腐煸炒，放味精，水分略干后，放入鸡汤、白糖、火腿和鸡脯肉炒至入味，倒入水淀粉将汁勾浓，再淋一些猪油，即可出锅。

【材料】

豆腐200克，熟鸡脯肉40克，熟火腿40克，豆瓣酱10克，盐1克，味精2克，淀粉2克，鸡汤50克，葱、姜各3克，猪油50克，白糖1克。

五香兔肉

【做法】

1．将兔肉洗净剁成数块，放入用花椒、大料、桂皮、精盐和少量水熬成的五香水中腌一晚上，捞出装入碗中，下锅前用红酱油拌匀。

2．锅上火，加油烧至九成热下兔肉，炸至金黄色时捞出。

3．沙锅内放兔肉，加清汤（以漫过兔肉为度），投入大料、花椒、糖、酱油、葱、姜、料酒，先用大火烧沸，再改小火炖约1小时，加味精，用中火收汁，淋麻油，出锅切成小块装盘即成。

【材料】

净兔肉1000克，清汤200克，花椒、大料、精盐、白糖、味精各适量，葱段20克，姜片10克，料酒20克，红酱油10克，麻油10克，色拉油750克（耗75克）。

青笋烧兔

【材料】

鲜兔 1000 克，莴笋 350 克，辣豆瓣 50 克，姜片、葱段各 15 克，花椒 2 克，草果 1 粒，盐 5 克，料酒 6 克，水豆粉 1.0 克，鲜汤 600 克，糖色少许。

【做法】

1．兔肉洗净切成块。莴笋削皮洗净切成块，放入沸水锅中焯至断生，捞出放入清水中过凉。

2．锅内放油烧至四成热，下辣豆瓣炒香，倒入兔块煸炒，加鲜汤烧沸，去浮沫，将葱段、姜片、糖色、草果、花椒、盐、料酒放入，用小火慢烧至熟透，下莴笋烧入味，用水豆粉收汁，装盘即可。

家常兔肉

【做法】

1．带骨兔肉冲洗干净，剁成块，在沸水锅中稍烫捞出，蒜苗拣洗干净，切成 4 厘米长的段。

2．锅中放花生油烧至五成热，下豆瓣酱煸炒，烹入料酒，倒入兔肉炒匀，添汤适量烧开，用漏勺捞出豆瓣酱渣子，再放入酱油、精盐、葱段、姜片烧开，改小火慢烧至肉熟烂时，下蒜苗、味精炒匀装盘即可。

【材料】

带骨兔肉 450 克，鲜嫩蒜苗 50 克，豆瓣酱 35 克，花生油、酱油、料酒、精盐、味精各适量，葱段、姜片各 20 克。

鸡蛋菠菜

【做法】

1. 将鸡蛋打入碗内，加入少许精盐搅匀待用。

2. 将菠菜清洗干净，切成段。

3. 将植物油烧热，倒入鸡蛋液，熟盛出。

4. 将剩余的油烧热，放入葱、姜、蒜炝锅，放入菠菜煸炒，放入剩余的精盐、炒好的鸡蛋，炒匀出锅即可。

【材料】

嫩菠菜350克，鸡蛋2个，植物油50克，精盐，葱沫、姜沫、蒜沫各少许。

大蒜烧鲢鱼

【材料】

去鳞、去内脏的鲢鱼中段750克，大蒜100克，泡红辣椒15克，姜沫15克，葱沫15克，料酒25克，酱油20克，精盐3克，味精2克，醋10克，高汤500克，白糖15克，水淀粉10克，辣香油25克，净油1000克（约耗150克）。

【做法】

1. 将鲢鱼中段洗净，用刀横断成4厘米长的段，用盐1.5克腌制一会儿。

2. 炒勺置旺火上，放入净油烧至七八成热，放入鱼块炸至外皮硬挺，捞出，再将去皮的大蒜稍炸捞出。

3. 原勺留底油60克，旺火烧至六成热，放入葱、大蒜、泡红辣椒（去蒂、去子）、姜，炒出香味，放入高汤、料酒、白糖、酱油、味精、盐，找好口味烧沸，放入鱼段；移小火炒到蒜软烂，上旺火煮沸，再将鱼段逐块捞出，码在鱼盘内。

4. 勺内原汁上旺火，放入醋、味精少许，调好口味，撒上葱丁，用水淀粉勾芡，推匀，淋入辣香油（红油），均匀浇淋在鱼上即成。

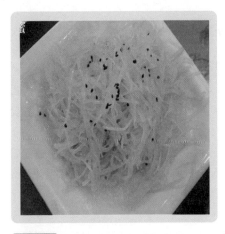

凉拌笋菜

【做法】

1．将卷心菜去梗留叶，香菇用温水泡软，分别洗干净沥水后切成细丝。

2．炒锅置于火上，放入花生油烧热，投入香菇丝速炒几下，倒入卷心菜丝和冬笋丝速炒至热停火，放入精盐、白糖、味精均炒，盛入盘中凉拌则好。

【材料】

卷心菜 300 克，罐头冬笋丝 100 克，香菇 10 只，精盐、白糖、味精和花生油各适量。

沙锅鱼头

【材料】

鲢鱼头 250 克，豆腐 500 克，熟竹笋 75 克，水发香菇 25 克，熟菜油 250 克，料酒 10 克，酱油 15 克，姜沫、青苗蒜，豆瓣酱、白糖、味精、熟猪油各适量。

【做法】

1．将豆腐切成 4 厘米长、1 厘米厚的片，用开水焯一下，豆瓣酱捣成蓉。竹笋切成薄片。青苗蒜切沫。

2．将鱼头洗净，在近头部的背肉处深剞两刀，鳃盖肉上剁一刀，鳃旁肉上轻切一刀，鱼头的剖面涂上豆瓣酱蓉，正面抹上酱油，使咸味渗入鱼头中。

3．将汤锅置旺火上烧热，放熟菜油烧至八成热，下入加工好的鱼头，正面煎黄，潷去菜油，将鱼头翻身，烹入料酒，加酱油、清水、白糖略煮，再放豆腐片、香菇、笋片、姜沫，待汤开后，起锅倒入沙锅内，将沙锅置微火上烧 5 分钟，再用中火烧片刻，撇去浮沫，加入青苗蒜、味精，淋入熟猪油即成。

奶汤鱼翅

【做法】

1．将发好的鱼翅撕成麦穗状，放入汤锅内加水 750 克，旺火烧沸后，用漏勺捞出，如此反复三四次，至去净腥味为止。再将鱼翅放在瓷碗内，加沸水（水没过鱼翅为度），放进笼屉内，用旺火蒸约 1 小时，取出，然后用 3 厘米见方的洁净白布将鱼翅包扎起来待用。

2．将猪肉切成 6 厘米长、3 厘米宽、0.6 厘米厚的片。将鸡腿剁成三块，鸡骨架劈作两瓣，每条猪肋骨剁成三块。冬菇一切两瓣，油菜心切 3 厘米长的段，均用沸水烫过。火腿切成 3 厘米长、1.5 厘米宽、0.3 厘米厚的片。

3．取一沙锅洗净，将猪肋骨摆在锅底，鱼翅包放在锅中间（肋骨上面），周围放鸡骨架、猪肉片、鸡腿块，加入精盐（2.5 克）、姜片、葱、蒜、清水 1000 克，用旺火烧沸，撇去浮沫，将锅移到微火上，保持微开，约炖 1.5 小时，将鱼翅包取出解开，将鱼翅摆在粗瓷碗内，放入蒸鱼翅的原汤（以没过鱼翅为度），上屉用微火蒸（以保持其热度）。

4．汤锅内放入熟猪油，在旺火上烧至四成热时，将葱切成 3 厘米长的段，入油内炸出香味，放入奶汤、清汤、精盐，汤沸后撇去浮沫。将笼屉中的鱼翅取出，滗净汤，扣在汤盘内，用筷子将鱼翅挑动几下（易于进汤），将火腿、冬菇、油菜心摆放在上面。然后将汤锅内肉汤中的葱用漏勺捞出，将姜汁、味精、料酒、鸡（鸭）油倒入汤锅内搅匀，浇在鱼翅碗内即成。

【材料】

水发鱼翅 400 克，熟火腿 5 克，肥瘦猪肉（带皮）250 克，猪肋骨 8 根，油菜心 5 克，母鸡大腿（带骨）300 克，生鸡骨架 1 个，奶汤 500 克，熟猪油 150 克，大蒜（用刀拍扁）25 克，清汤 400 克，味精 1.5 克，料酒 25 克，姜汁 1 克，精盐 5 克，姜片 2 片（约 5 克），大葱 100 克，熟鸡（鸭）油 25 克。

肉沫丝瓜

【材料】

猪肉沫 150 克，青椒 100 克，丝瓜 200 克，盐 3 克，酱油 3 克，味精 3 克，料酒 5 克，白糖 2 克，香油 13 克，葱、姜、蒜各 3 克。

【做法】

1．将青椒洗净切成小片，丝瓜洗净切成片，葱、姜切成沫，蒜切成沫。

2．锅中放油烧热，下入葱、姜沫炝锅，先炒肉沫，再放入青椒片、丝瓜片，烹上料酒，炒几分钟，再放入酱油、盐、味精、白糖和少量的水，炒至熟后淋上香油即可。

小提示

猪肉沫应三成肥七成瘦为宜，丝瓜选嫩的。

香辣鱼块

【材料】

草鱼 1 条，葱姜蒜适量，黄酒适量，盐 1 小勺，花椒 1 大勺，干红辣椒 8 ~ 10 根，酱油 1 大勺，白糖 1 小勺，香醋少许，熟芝麻 1 小勺。

【做法】

1．草鱼去鳞去内脏后清洗干净，切去头尾部，片下鱼肉，然后将鱼肉切成小块。放入姜丝、花椒、干辣椒，再倒入黄酒和盐，轻轻地抓拌均匀，腌制 30 分钟以上，时间越长越入味。

2．把腌好的鱼块和辛香料分开，拣出的辛香料不要扔，也可以用，另外再准备点葱姜蒜和花椒、干辣椒。

小技巧

1．做这道菜，鱼块一定要腌制一段时间，让鱼入味，时间越长越入味，如果一时不吃也可放入冰箱里冷冻腌制，想吃的时候化冻就可以直接煎制，很方便。腌制入味的鱼块再来煎制，后面就不需要长时间的烹煮也够味，可以保持鱼块外酥里嫩的口感。

2．花椒和干辣椒是辛香料中的主角，可以根据自己的喜好酌情增减用量。

3．锅中放油，小火烧到七成热时，下鱼块煎炸至两面金黄酥脆后，盛出待用。

4．锅内留底油爆香葱姜蒜、花椒、干辣椒，将腌鱼的辛香料也倒入锅中炒出香味。

5．把煎好的鱼倒回锅中，烹入黄酒，加入酱油和糖，翻炒均匀，出锅之前沿锅边再烹入几滴醋，并撒上些炒熟的白芝麻，提升鱼块的鲜香。

酸菜白肉粉汤

【材料】

酸菜 200 克, 猪肉 50 克, 细粉丝 50 克, 熟猪油 10 克, 精盐 2 克, 味精 2 克, 醋 5 克, 葱沫 2 克, 高汤 750 克。

【做法】

1. 将酸菜洗净, 顶刀切成 0.3 厘米宽的丝。细粉丝用开水泡 1 小时, 捞出控净水。猪肉下锅用开水煮熟, 切成 3.3 厘米见方、0.3 厘米厚的片。

2. 将汤锅置火上, 放入熟猪油烧热, 下入葱沫炝锅, 加入高汤、酸菜、猪肉片、细粉丝、精盐, 盖锅盖稍焖, 待汤开后, 撇去浮沫, 加醋、味精, 起锅盛入大汤碗内即成。

肉沫炖豆腐

【做法】

1. 豆腐切成骨牌块, 白菜心切咸同样大小的块备用。

2. 炒锅放到火上, 倒油烧热, 放入肉沫煸炒断生, 加入葱花、酱油炒至油熟出锅。

3. 沙锅内倒入适量水, 把白菜心铺在水中, 再把煸好的肉沫撒放在白菜心上, 最后把豆腐块放在上面, 加盖焖熟, 烧开后, 转小火炖 10~15 分钟, 加入味精、香油即成。

【材料】

豆腐 400 克, 猪肉沫、白菜心各 200 克, 香油、酱油、精盐、味精、葱花各适量。

猪肉炖莲子

【做法】

1．猪肉洗净，下沸水锅中焯去血水，捞出洗净切块。

2．莲子用热水浸泡至发涨，去膜皮、去心。

3．百合去杂物洗净待用。

4．炒锅烧热加入猪油，煸香葱、姜，加入肉块煸炒，烹入黄酒，煸炒至水干，注入肉汤，加入盐、味精、莲子和百合，旺火烧沸后，撇去浮沫，用小火炖至肉熟烂，拣去葱、姜即可。

【材料】

瘦猪肉 300 克，莲子 35 克，百合 35 克，猪油、黄酒、盐、味精、葱段、生姜片和肉汤各适量。

骨头酥

【材料】

猪小肋排 500 克，酱油 20 克，料酒 5 克，盐 10 克，味精 10 克，胡椒粉 1.5 克，酒酿汁 100 克，香醋 30 克，生姜、大蒜各 30 克，花椒 10 粒，鸡蛋 4 个，干淀粉 200 克，葱花 10 克，肉汤 1000 克，精制油适量。

【做法】

1．将排骨洗净斩成 3 ～ 4 厘米长的段，鸡蛋打散，加入干淀粉和少量盐调成蛋糊，与排骨放在一起拌匀，生姜、大蒜拍破，待用。

2．当油锅烧至七成热时，放入排骨下锅炸至金黄色时再复炸一次，倒入漏勺内。

3．趁热锅放下生姜、大葱煸至呈黄色时，加入排骨、酒酿汁、汤、酱油和味精，用旺火烧滚后，放在小火上煨至汤汁剩 1/3 时，浇上香醋推匀，盛入汤盆中，撒上葱花即可。

【材料】
带鱼 600 克，黄瓜 100 克，香菜 20 克，油 450 克，盐 5 克，酱油 15 克，醋 10 克，花椒水 10 克，淀粉 50 克，料酒 20 克，味精 3 克，葱丝、姜丝、蒜片各适量。

熘带鱼

【做法】

1. 将带鱼去头、尾，剪去背鳍，开膛去内脏，洗净。在鱼的两面剞上斜直花刀，再切成 3 厘米长的段。黄瓜洗净，切成象眼片。香菜洗净，切成 2 厘米长的段。

2. 将带鱼段加少许盐煨好。用碗放盐、酱油、醋、味精、花椒水、水淀粉兑成混汁待用。

3. 坐勺，加适量油烧至七成热时，将带鱼段放入油中炸至呈金黄色，捞出控净油。

4. 原勺留底油，用葱、姜、蒜炝锅，再放入黄瓜片煸炒，加入鱼段，烹料酒少许，倒上兑好的汁翻匀，淋明油，撒上香菜段，出勺装盘即可。

小贴士
蒜蓉荷兰豆对脾胃虚弱、小腹胀满、呕吐泻痢、产后乳汁不下、烦热口渴均有疗效，它对增强人体新陈代谢功能也有重要作用。

蒜蓉荷兰豆

【材料】
荷兰豆 250 克，蒜泥 20 克，清油 500 克（约耗油 30 克），料酒 10 克，味精 2 克，精盐 3 克，高汤 50 克。

【做法】

1. 将荷兰豆洗净，改成斜刀块。

2. 用开水（加 10 克油）焯一下荷兰豆，捞出控干水分。

3. 坐勺炝蒜沫，待出蒜香味，烹料酒，下味精、盐、高汤，将主料放入勺中颠炒数下后速出勺。

糖醋虎皮辣椒

【做法】

1. 把辣椒洗净，去子，用刀平切成两瓣，再把醋、白糖、酱油、料酒，放碗内调成汁。

2. 锅里放辣椒，用小火炒到皮出现斑点时，加花生油再炒一下，烹入调好的汁拌匀即成。

【材料】

辣椒 400 克，醋 15 克，糖 40 克，酱油 5 克，花生油 25 克，料酒 3 克，盐 2 克。

黄瓜炒肉丁

【材料】

猪肉 50 克，黄瓜 200 克，食油、葱、酱油、料酒、姜、盐、淀粉各适量。

【做法】

1. 将猪肉切成片，用酱油、淀粉、料酒调汁浸泡。将黄瓜切成丁，用少量盐拌一下。

2. 油锅热后，先煸葱、姜，然后将肉丁放入炒几下，将黄瓜丁沥去汤卤，倒入锅内，将肉丁和黄瓜丁烩炒即成。

软炸鸡肝

【做法】

1. 鸡肝去筋，用水洗净，切块。葱切成段，加切点小葱花。姜拍松。鸡蛋打散，加水淀粉、面粉调糊。

2. 鸡肝控水，加葱、姜、料酒、胡椒粉、味精、精盐腌入味。

3. 把鸡肝放入鸡蛋糊内拌匀，逐块下入热油锅内炸透，捞起。另锅放火上，舀入麻油烧热，下入鸡肝和椒精盐翻炒几下即可。

【材料】

鸡肝400克，姜10克，葱15克，精盐10克，料酒10毫升，椒精盐5克，胡椒粉5克，麻油5克，面粉50克，水淀粉30克，鸡蛋4个，植物油适量。

砂锅炖鸭

【做法】

1. 鸭洗净，取出内脏，剁成块，用开水烫一下备用。

2. 砂锅放到火上，加水1500克，再放入鸭块、葱段、姜片烧开，撇去浮沫，用小火炖八成熟，放入煮过3分钟的芋头，继续烧沸，再用小火炖30分钟，使鸭块、芋头酥烂，加入精盐、味精、料酒即成。

【材料】

月巴鸭1只，芋头400克，精盐、料酒、葱段、姜片各适量。

清蒸炉鸭

【材料】

烤鸭1只,冬笋45克,料酒15克,葱段15克,姜片10克,鸡油15克,味精、大料各少许,白糖、精盐各适量。

【做法】

1．将烤鸭剁成方块码在盘中（皮朝下），加入料酒、大料、白糖、葱段、姜片上笼蒸透。

2．冬笋切片,放入沸水锅中稍烫。

3．将蒸好的鸭子扣在大碗内,汤汁倒入勺中,上火加入白糖、冬笋片,撇去浮沫,调好口味,放入味精,浇在鸭块上,淋上鸭油即成。

炒鸭片

【材料】

生鸭肉200克,生笋50克,黄瓜30克,水发冬菇10克,料酒15克,味精1克,精盐2克,蛋清1个,水淀粉30克,葱、姜沫各2克,汤少许,猪油1000克（约耗60克）。

【做法】

1．将鸭肉洗净,切成柳叶片。

2．将笋洗净,切成长方片;黄瓜洗净,去瓤,切成3厘米长、1.3厘米宽、0.3厘米厚的片;冬菇抹刀切成长方片。

3．将冬菇片、笋片用开水焯一下捞出,与黄瓜片一起用凉水淘一下控净水,备用。

4．取碗1个,放入鸭片、精盐、水50克（分3次投入）搅上劲;加水淀粉、蛋清,继续搅匀,煨好。

5．旺火热勺,放油烧至五成热,将煨好的鸭片手捻下勺,用铁筷子滑开;待鸭片浮起,将笋片、冬菇片、黄瓜片下勺一煨,立即倒入漏勺,沥净油,备用。

6．原勺留底油,葱、姜沫炝勺,将鸭肉、笋片、菇片、黄瓜片一起倒入漏勺,下味精、料酒、高汤,抖匀,装平盘即成。

【材料】

冻豆腐 400 克，猪排骨 250 克，精制油 70 克，盐、姜片、葱花、味精等调味品各适量。

排骨炖冻豆腐

【做法】

1．将冻豆腐化开，挤去水分，切成长 3.5 厘米、宽 2.5 厘米、厚 1.5 厘米的块。

2．排骨洗净，剁成 3.5 厘米长的段，放在温水中焯一下，捞出沥干水，放入油锅中煸炒几下，然后加入葱花和姜片，炒出香味后，放入豆腐和汤。

3．烧开后，改为小火，加上精盐和味精，炖 1 小时左右即可食用。

【材料】

麻豆腐 200 克，熟荸荠丁 60 克，熟芹菜丁、火腿丁、海米丁、肥肉丁各 6 克，色拉油 200 克，辣椒油、葱花、姜末各 10 克，精盐 3 克，水淀粉 30 克，清汤 300 克。

炒麻豆腐

【做法】

1．炒锅放到火上，加入色拉油，放入葱花、姜沫炸出香味，放入麻豆腐，放清汤、葱花、姜沫、水淀粉炒至菜透，勾入芡，盛在碗内。

2．再把炒锅放到火上，加入辣椒油、肥肉丁，把麻豆腐放入，用勺不停地搅动，然后均匀盛入碗内，撒上芹菜丁、火腿丁、荸荠丁、海米丁即成。

烧冻豆腐

【做法】

1．冻豆腐放清水解冻后洗净，挤出水，切成 1 厘米宽的条。

2．猪肉洗净切沫，雪里蕻洗净切沫。

3．将精盐、味精、酱油、料酒、高汤兑好成调味汁。

4．旺火坐勺，加底油，葱丝、姜丝、蒜片炝勺；加入肉沫煸炒片刻，再下入豆腐条、雪里蕻末煸炒，随即倒入调味汁，待烧至汤汁不多时，水淀粉勾芡，淋香油后出勺，装盘即成。

【材料】

冻豆腐 250 克，雪里蕻 50 克，猪肥瘦肉 100 克，植物油、精盐、味道、酱油、料酒、葱丝、姜丝、蒜片各适量，高汤 1 大勺，水淀粉、香油适量。

肉丝银芽

【材料】

猪瘦肉 200 克，绿豆芽 250 克，香油 10 克，精盐 8 克，味精 2 克，白糖 5 克，料酒 5 克，泡辣椒 3 只，生姜 2 片，大葱 2 段。

【做法】

1．将绿豆芽掐去两头后洗净，放入沸水锅内烫熟捞出，摊凉沥水；猪肉洗净，放入沸水锅内，加入葱段、姜片、料酒煮熟捞出，晾凉后切成细丝，泡辣椒亦切成细丝。

2．将绿豆芽、肉丝和泡辣椒丝一起放入盘内，加入精盐、味精、白糖和香油拌匀即成。

麻酱白切羊肉

【材料】

去骨羊腰窝肉500克，香油50克，生菜油25克，芝麻酱100克，精盐6克，味精3克，米醋5克，葱2段，姜3片，茴香少许。

【做法】

1．将羊肉洗净，放入水锅内煮熟捞出，洗净。

2．将煮过的羊肉放入锅内，加入清水、葱段、姜片、茴香、桂皮，煮熟后取出，切成薄片装盘。

3．芝麻酱盛入小碗，加入精盐、味精、米醋调匀，再加入凉开水，调得稀些，最后加入香油、生菜油，调至均匀，装入小碟内，供以羊肉片蘸食。

小提示

羊肉煮至熟而不烂，过烂切不成片。

生炒笋尖

【做法】

1．将笋尖用刀剖开，葱切成段，姜切成片。

2．将炒锅上火，放入底油，将花椒放入，待花椒炸成紫色时，将笋尖放进煸炒，并加入葱、姜，待叶色变嫩绿时，加入盐、味精，翻炒几下即可装盘。

【材料】

笋尖250克，味精1.5克，葱5克，精盐2克，花椒2粒，姜2克，植物油35克。

茄汁芦笋

【做法】

1．把芦笋洗净沥干水分，剥去老皮，从中间切成两段。

2．炒锅内放油 30 克，烧至六成热，放番茄酱炒熟下芦笋段，加鲜汤、白糖、精盐、味精、米醋调好口味，汤沸后，放慢火上煨 2 分钟，再移旺火上用水淀粉勾芡，淋上明油，翻锅，装盘即成。

【材料】

罐头芦笋 400 克，水淀粉 10 克，色拉油 40 克，汤 150 毫升，番茄酱 30 克，精盐、味精、白糖、米醋各适量。

香菇烧丝瓜

【材料】

丝瓜 500 克，香菇 15 克，花生油 20 克，麻油 15 克，精盐 6 克，味精 2 克，料酒 4 毫升，鲜姜 4 克，水淀粉 20 克。

【做法】

1．将香菇水发后捞出，原汁放一旁沉淀，然后倒在另一个碗内备用，香菇片去根蒂洗净。丝瓜去皮洗净，顺长一劈两半，切成片，用开水稍烫后过凉。姜去皮剁成细沫，用水泡上，取用其汁。

2．将炒锅置于火上，放入花生油，用姜汁一烹，放入料酒、香菇汤、精盐、味精、香菇、丝瓜，开后淋入水淀粉勾芡，加入麻油，颠翻均匀即成（先将丝瓜用开水烫一下，不需煸炒，直接放入汤内烧制）。

小贴士

1．丝瓜性味甘凉，具有清热利湿、凉血化瘀、止血的功效。

2．常食能顺气健脾、化痰止咳。

3．凡湿热所致的热痢、黄疸以及湿热所致的肠风便血、崩漏等症患者均可将此作为辅助食疗菜肴。

虾干炒萝卜丝

【做法】

1. 萝卜去皮切丝，红甜椒去蒂去籽切丝、蒜瓣去皮切成蓉状备用，虾干淘洗至水清，稍加浸泡后控水备用。

2. 炒锅烧热注油，中小火将蒜蓉煸香，下处理过的虾干煸炒至表皮金黄酥香。

3. 将红甜椒丝下锅兜炒几下。

4. 将萝卜丝下锅，与锅中材料一同翻炒，炒至萝卜丝出水身软时，添加精盐（虾干带盐味，盐量酌情添加）、自制混合豉汁料翻炒均匀，起锅前滴入少许纯香麻油拌匀即可。

【材料】

虾干1把，白萝卜1个，红甜椒1只，蒜瓣2粒，盐，纯香麻油，混合豉汁料。

油爆鸡丁

【材料】

鸡脯肉150克，黄瓜或冬笋50克，盐1克，味精2克，料酒10克，葱沫、蒜片各10克，姜水、毛汤各适量，鸡蛋清半个，水淀粉40克，猪油500克（约耗50克）。

【做法】

1. 将鸡脯肉去掉脂皮和白筋后洗净，切成1.3厘米的方丁；将黄瓜一劈两半，去瓤洗净，切成1.2厘米的方丁。

2. 取碗1只，放入鸡丁，下盐、蛋清、水淀粉上浆抓匀。

3. 取碗1个，放毛汤、味精、料酒、盐、水淀粉、葱沫、蒜片、姜水，兑成适量调味汁。

4. 旺火热勺，放油烧至四五成热，下入鸡丁滑开；色一变白，下入黄瓜丁用热油焯一下，随即倒入漏勺，沥净油。

5. 原勺旺火，将鸡丁、黄瓜丁回勺，稍颠，倒入调味料后芡汁，急颠几下，使汁均匀地黏在鸡丁、黄瓜丁上，加明油出勺，装盘即成。

花椒鸡丁

【做法】

1．鸡肉切成丁，加料酒、酱油、葱、姜（拍松）在碗内拌匀，腌 10 分钟。干辣椒去蒂、去子，切成 2 厘米长的节。

2．锅内注入菜油，在旺火上烧至八成熟时，将鸡丁倒入，炸干水汽，鸡丁刚熟即沥去炸油，留油适量在锅内，将辣椒节、花椒入锅内炝出香味后，烹酱油、白糖、料酒及清汤 50 克（起回润作用），在锅内炒匀。待汁完全收干，起锅时加麻油颠匀上盘。

【材料】

鸡腿 400 克，花椒 8 克，菜油 500 克（实耗 100 克），葱段、姜共 20 克，酱油 30 克，白糖 10 克，干辣椒 25 克，麻油 5 克。

菊花鸡丝

【材料】

鸡脯肉 300 克，鸡蛋清 3 个，熟猪油 150 克，葱白 60 克，精盐 2.5 克，胡椒 1 克，姜沫 5 克，豆粉 2 克，味精 1 克。

【做法】

1．将鸡脯肉洗净，先顺筋切成宽厚均为 1.6 厘米的条，每条切成 1.6 厘米长的短节，然后每节正面横竖切 1 厘米深，加蛋清、味精、精盐拌匀入味。葱白洗净，切成 1.6 厘米长的节，每节用刀在一头划成细丝。鸡肉、葱白都切成小菊花瓣形。用少许鲜汤加精盐、味精、姜沫、淀粉兑成汁。

2．锅置旺火上烧热后下猪油烧至七成热时，先将鸡肉下锅炒散，然后烹入调味汁，再加入葱花炒匀起锅即成。

【材料】

生鸡脯肉 150 克，水发玉兰片 75 克，青蒜段适量，料酒 10 克，盐 1 克，味精 5 克，水淀粉 25 克，葱丝、毛姜水少许，鸡蛋清半个，猪油 500 克（约耗 50 克）。

炒生鸡丝

【做法】

1. 将鸡脯肉去掉脂、皮和白筋，洗净，切成丝装入碗内，下入蛋清，将鸡丝轻轻抓匀，再用 25 克水淀粉煨好。

2. 玉兰片切成丝，用开水焯一下，备用。

3. 炒勺刷净，上旺火烧热，放猪油烧至四成热时，下入鸡丝，用筷子轻轻拨开，滑透，倒入漏勺，沥净油。注意，滑鸡丝油不要太热，否则鸡丝弯曲，成团，肉不嫩。

4. 炒勺回旺火上，加底油烧热，先下葱丝，再下笋丝煸炒，随即放料酒、味精、盐、毛姜水，速将鸡丝投入，颠翻两三下，加青蒜段出勺装盘即可。

【材料】

冻豆腐 500 克，牛肉 250 克，粉条，精制油 75 克，精盐、姜片、葱花、味精等调味品适量。

牛肉炖冻豆腐粉条

【做法】

1. 将冻豆腐解冻后，挤去水分，切成长 3.5 厘米、宽 2.5 厘米、厚 1.5 厘米的块。

2. 牛肉洗净，切成长 3.5 厘米、宽 2.5 厘米、厚 1.5 厘米的块，投入温水中焯一下，捞出沥干水分，放在油锅中煸炒几下，加入姜片和葱花，炒出香味后，放入豆腐、粉条，添入汤。

3. 烧开后改为慢火，加入精盐和味精炖 1 小时即成。

蘑菇鸡片

【材料】

鲜蘑菇 500 克，鸡脯肉 100 克，蛋清半个，湿淀粉 20 克，料酒 5 克，清汤 25 克，精盐 5 克，味精 2 克，青蒜沫 15 克，葱、姜沫各 10 克，化生油 35 克，香油 10 克。

【做法】

1. 将蘑菇择洗干净，切片，入开水稍烫捞出。鸡肉切片，放碗内，加盐、蛋清、湿淀粉（15 克）抓均匀。

2. 炒勺置中火上，加花生油烧至六成热，下锅炒熟，加葱姜，烹料酒、清汤、精盐、蘑菇炒匀，加味精、湿淀粉勾芡，淋香油，装盘即成。

三虾豆腐

【材料】

上浆虾仁 75 克，虾子 10 克，虾脑 15 克，嫩豆腐 500 克，香菜数根，黄酒 3 匙，细盐小半匙，胡椒粉少许，葱花半匙，姜沫、味精适量，麻油 1 匙，猪油 50 克，水生粉 2 匙。

【做法】

1. 将嫩豆腐切成边长为 1.8 厘米的方块，放入沸水锅中烫一下捞出，用冷水漂清。

2. 把鲜汤半勺放在净锅中烧沸后，将虾仁分散下锅氽熟，捞出，再放虾子、黄酒、姜沫、细盐，烧沸后，放豆腐，待烧沸后，撇去浮沫，再加虾脑、虾仁、味精，烧沸后，下水生粉勾流利芡，撒上葱花，淋上猪油出锅，装入汤盆。

小技巧

1. 豆腐焯水不宜多煮，烹调时避免汤水沸腾，防止碎裂。

2. 勾芡宜少一些，包住原料即可。

酸辣干丝

【材料】

豆腐干200克，水发木耳25克，姜丝10克，葱25克，冬笋25克，精盐2克，高汤600克，香菜末5克，酱油10克，醋10克，胡椒粉4克，芝麻油10克，水淀粉20克。

【做法】

1. 先将豆腐干切细丝，水发木耳择洗干净，与冬笋都切成豆腐干相仿的丝。

2. 再把锅置旺火上，添入高汤，投入豆腐干丝、冬笋丝、木耳丝、姜葱丝，加酱油、精盐、香醋、胡椒粉搅匀，待汤沸时，用温水淀粉调稀勾芡，盛在大汤碗内，撒上香菜末，淋上芝麻油即成。

煎香椿豆腐

【做法】

1. 首先将豆腐切成长形大块。将香椿洗净择去老梗，留嫩椿芽，用开水泡过，即浸入凉里冷却，捞起控干水分，切成沫。

2. 再往炒锅下油50克，烧至八成热时，把豆腐轻轻滑下锅边，边煎边晃动，翻身两面煎黄后，加入酱油、鲜汤和各种调料烧煮后，把香椿末铺在豆腐上，烧开后即勾芡，最后淋熟油10克，起锅装盘。

【材料】

新鲜香椿50克，豆腐350克，花生油60克，白糖2克，酱油20克，精盐3克，味精2克，料酒2克，鲜汤200克，水淀粉10克。

西红柿炒土豆片

【材料】

土豆 500 克，青椒 20 克，淀粉 8 克，油 800 克（实耗 80 克），糖 30 克，西红柿 1 个（35 克），醋、盐、味精、葱丁、蒜片、姜沫、香油各适量。

【做法】

1．土豆洗净切片，青椒切成 1 厘米的方块。

2．锅中放油烧至八成热时把土豆放油里炸熟捞出，沥干油。

3．再用另一个锅放适量油，热后放西红柿炒熟放葱、姜、蒜、水（100 毫升）及糖、醋、盐、味精、青椒块，汤开时用淀粉勾芡，芡熟倒入炸好的土豆片，稍炒几下，挂满芡后点香油即可出锅。

烩乌鱼蛋

【材料】

生乌鱼蛋 10 个，高汤 1000 克，料酒、酱油、味精、淀粉、胡椒粉、香醋、盐、香菜沫均适量。

【做法】

做法 1：

1．生乌鱼蛋用盐腌制 2 日取出，冲洗干净，再入滚水锅内煮至表皮出现缝痕，捞出后换干净的热水浸泡约 3 个小时，捞出，横剖成圆形薄片。

2．另煮滚两锅水，将生乌鱼蛋放入其中一锅，过烫一下随即捞出，再放另一锅中过烫；如此反复烫三四次，至乌鱼蛋腥味、咸味都消除。

3．原锅洗净，放入高汤、料酒、酱油、味精和盐烧开，再下乌鱼蛋煮至水滚，加入水淀粉勾薄芡。汤碗中预先放好胡椒粉和香醋，先将烩汤倒入碗中，再舀起鱼蛋片轻放汤中，使鱼蛋不下沉。食用前，撒上香菜沫即可。

豆腐烧鲫鱼

【材料】

鲜鲫鱼2条（约500克），鲜嫩豆腐200克，葱、姜、色拉油各20克，清汤250克，料酒、酱油各8克，水淀粉5克，精盐3克。

【做法】

1．鲫鱼去鳞、内脏，收拾干净；豆腐切成条；葱、姜切片。

2．炒锅烧热，放入鲫鱼稍煎，捞出控油；余油爆香葱片、姜片，烹入料酒、酱油，加入清汤，待把鱼、精盐、味精下锅烧开，放入豆腐，转小火慢烧待鱼烧透，捞出放盘中，汤汁中勾入水淀粉，浇在鱼身上即可。

做法2：

1．将乌鱼蛋片下开水锅稍煮片刻，剥去外皮，洗净后掰开，再煮一下，用手揭去薄片，再入开水浸去腥味。

2．锅上火放入高汤、鱼蛋片，加料酒、味精、盐、酱油及姜片，开后撇净浮沫，尝好口味，见鱼蛋片浮起，淋入调好的水淀粉勾稀芡，盛入碗内时滴几点香醋和麻油，上面撒上胡椒粉、香菜沫即成。

小技巧

1．鱼蛋很腥，依法腌制、泡发，才能除去腥味，而且腌制、泡水的时间越长越好。

2．制乌鱼蛋时要注意，烫乌鱼蛋的时间不能太长，否则会使乌鱼蛋变黑，所以要反复过烫。

3．乌鱼蛋本身并无鲜味，可是与高汤同烩后，就特别鲜嫩可口，而且最宜调酸辣味。烩的时间不需久，否则乌鱼蛋过老。另外，还要把握芡的厚薄，芡过薄乌鱼蛋会沉在碗底，不美观。

炒香菇

【材料】

香菇150克，冬笋100克，味精1克，精盐2克，料酒0.5克，葱5克，姜2克，鸡汤或肉汤20克，水淀粉3克，植物油20克，白糖适量。

【做法】

1. 将香菇发涨，取出后切成丝。冬笋切成比香菇略细的丝，放入水中焯一下。葱、姜切成细丝。
2. 将葱丝、姜丝放入小碗中，加盐、料酒、味精、糖、水淀粉和鸡汤20克，调成汁。
3. 把炒锅放火上，加入油，烧热后将香菇、冬笋丝放入煸炒，炒匀后倒入调好的汁，翻炒均匀即可装盘。如有鸡油淋上一些最好。

香菇西兰花

【材料】

鲜嫩西兰花450克，香菇10只，植物油35克，精盐、味精、胡椒粉各适量。

【做法】

1. 香菇用热水泡透挤去水分，切块，西兰花拣洗干净。
2. 将西兰花、香菇放入沸水锅中稍烫立即捞出。
3. 锅中放入烹调油烧热，把西兰花、香菇、精盐、味精、胡椒粉依次下锅炒匀，盛在盘中即可。

番茄烧鲜蘑

【做法】

1. 将鲜蘑菇洗净，去蒂，入沸水锅中略焯后捞出，控去水分。

2. 炒锅置中火上，放入花生油烧热，下番茄炒透、炒稠，放入鲜蘑菇，加精盐、味精、绍酒、白糖，并加清水少许烧沸，然后将锅移置小火上烧入味即成。

【材料】

鲜蘑菇 500 克，罐头番茄 200 克，精盐、味精各少许，绍酒 20 毫升，白糖 40 克，花生油 50 克。

元宝肉

【材料】

中方肉 700 克，鸡蛋 10 个，油 700 克，料酒 15 克，盐 2 克，味精 4 克，汤适量，葱沫、姜沫各 2 克，酱油适量。

【做法】

1. 肉刮毛，洗净，切成 0.7 厘米厚、12 厘米长的条片，肉片朝下，码在碗里，加酱油、盐、料酒、葱、姜、汤、味精，上屉蒸烂，出屉。鸡蛋煮熟去皮，蘸酱油，过油炸至金黄色捞出，顺长切两瓣。

2. 鸡蛋摆在汤盘周围，把蒸好的肉扣中间，拿开碗加点汤即成。

过油肉

【材料】

里脊肉200克,冬笋25克,水发海参100克,葱丝3克,蒜片4克,毛姜水5克,料酒10克,酱油25克,高汤120克,精盐5克,味精3克,鸡蛋清1个,水淀粉60克,醋3克,香油12克,香油12克,净油500克(约耗50克)。

【做法】

1.将里脊肉去筋,切成柳叶片,放碗内用少许盐、蛋清、水淀粉30克浆好;笋切成小长方片;海参洗净片抹刀片;将笋片和海参用沸水焯过备用。

2.用净炒勺旺火将油烧至三四成热,下入里脊肉片,用筷子拨散滑透;笋片、海参片随着同焯一下,倒入漏勺控油。

3.原勺留少许底油,葱丝、蒜片炝锅;烹料酒、姜水,加入高汤、酱油、盐、味精,找好颜色和口味;放里脊肉片、笋片和海参片,烧沸,用水淀粉勾芡,点入醋、明油,颠拌均匀,淋香油出勺盛入汤盘即可。

干炸里脊

【做法】

1.将里脊肉去筋,切成0.7厘米厚、1.6厘米宽、4厘米长的厚片,每片两面都剞上十字花刀。

2.将里脊片放碗内,加料酒、酱油、水淀粉抓匀入味。

3.净油勺上旺火,加入温油,烧至三四成热时,逐片将里脊下勺,再移动勺,拨开粘连的里脊片,在六七成热油内炸透后捞出;油勺的油温再升高至八九成热时,将里脊再略炸一次,捞出,控净油,装入平盘,另带椒盐上桌。

【材料】

里脊肉250克,料酒12克,酱油10克,水淀粉150克,椒盐适量,净油500克(约耗50克)。

脱骨鸡

【做法】

鸡宰后去毛，将内脏洗干净，将头、脚和翅盘好，揩干水汽，然后将冰糖炒成糖汁抹遍鸡的全身。用花椒、大料、盐、姜片、葱段、桂皮熬成卤水。油下锅烧至七成热时，将鸡放入锅炸至金黄色捞出，再下卤水中煮，先用旺火将卤水烧开，煮1小时后再用微火煮，一直卤到鸡肉容易脱骨为止。

【材料】

肥母鸡1只（约500克），卤水适量，冰糖50克，清油1000克（实耗100克）。

甘肃鸡

【做法】

1．将鸡开腹，取内脏，剁去头、爪、膀子尖后洗净；然后将鸡身一劈两半，每半中间剁开成4块，连脖子共5块，抽掉大膀骨与大腿骨。

2．将鸡块用刀拍平，将小骨头颠烂，改成3厘米方块；脖子剁三刀成4块。

3．将青、红辣椒去蒂、去子后洗净，改成3厘米方块，用开水一焯立即捞出，沥净水分备用；将蒜瓣剁成蒜沫，备用。

4．旺火热勺，加猪油，烧至五六成热，下鸡块煸炒至变色；再加猪油，把鸡推至勺边，蒜沫炝勺，炸出味来，与鸡块一起煸炒，烹料酒、醋、酱油，打汤，加味精、精盐、白糖；盖勺盖，移微火焖鸡，汁将收尽，下青、红辣椒，煸炒，淋香油，出勺，装盘即成。

【材料】

光雏鸡1只（约750克），青椒50克，红辣椒25克，料酒25克，香油25克，酱油40克，味精5克，醋50克，白糖15克，精盐3克，蒜瓣25克，高汤100克，猪油75克。

豆豉焖鱼

【材料】

鲜鲫鱼3条（约400克），色拉油60克，葱、姜、蒜、豆豉、料酒、酱油、醋、白糖、胡椒粉各8克，精盐3克，味精1克。

【做法】

1. 鲫鱼去鳞、内脏，收拾干净；葱、姜、蒜切沫。

2. 油烧热，鲫鱼放入锅中稍炸后捞出。锅中留余油适量，把豆豉、葱姜沫、蒜沫下锅煸炒，出香味后，烹入料酒、酱油，加入适量开水，再把鱼、醋、白糖、精盐、味精、胡椒粉依次下锅烧开，转小火慢烧，收浓汤汁，出锅即可。

酱焖鲤鱼

【做法】

1. 将鱼去鳞及内脏，收拾干净，将鲤鱼两面抹匀黄豆酱，放入油锅内，两面煎成金黄色时铲出。

2. 原勺留底油，放入葱段、姜块炸出香味，放入肉片、胡萝卜丝煸炒，再加入盐、酱油、白糖、料酒、鲤鱼，添适量汤，烧开，找好口味，移微火上焖至汤剩一半时，拣去葱、姜，加味精，用水淀粉勾芡，淋花椒油，出勺装盘即可。

【材料】

活鲤鱼1条（约500克），五花猪肉、胡萝卜丝各50克，油、盐、酱油、黄豆酱、白糖、料酒、淀粉、葱段、姜块、花椒油、味精各适量。

归芪黑鱼片

【材料】

墨鱼 300 克，姜 30 克，当归 10 克，黄芪 20 克，素油、精盐、淀粉、麻油各适量。

【做法】

将当归、黄芪放入锅中，加水适量，大火煮沸后改用小火煮 30 分钟，去渣留汁，加少量淀粉和匀成芡汁备用。墨鱼洗净，切成片。炒锅上火，放素油烧热，下黑鱼片和姜丝同炒，加入精盐适量，用芡汁勾芡，淋上麻油，出锅装盘即成。

第二节　常吃咸菜的做法

五香辣萝卜皮

【材料】

萝卜皮 3 公斤，五香面、酱油、盐、味精适量。

【做法】

将萝卜皮切成丝或小块，加五香面、味精、盐、酱油拌匀，两小时后即可食用。

泡芹菜

【材料】

鲜嫩芹菜 1500 克，盐 10 克，花椒 5 克，大料 3 克，红辣椒 30 克。

【做法】

1. 将盐、花椒、大料放入锅内加清水熬成五香水后晾凉。

2. 将芹菜择洗干净，切成 10 厘米长的段，红辣椒洗净，晾干水分，一同装入坛中倒入五香水泡制 1 ~ 2 天即可食用。

腌圆白菜

【材料】

圆白菜 5000 克，盐 500 克。

【做法】

1. 圆白菜去掉黄叶，削去根部，洗净，用刀切成两瓣或四瓣。

2. 把圆白菜的菜心浸上，平铺在缸内，每铺一层菜就撒上一层盐，直到全部铺好，压上重物腌制，共用 3/5 的盐，过 24 小时以后，如果盐卤上升，即可取出复腌。

3. 将初腌好的圆白菜倒入另一缸，铺一层菜，撒一层盐，最上一层撒封口盐，把余下的盐撒完后，包紧封口，上加石头压，用泥糊封缸口，最后放盖，经过 10 ~ 15 天的腌制，即可取出食用。

朝鲜泡菜

【材料】

大白菜 5000 克，苹果 250 克，梨 250 克，白萝卜 500 克，牛肉清汤 1500 克，葱 250 克，大蒜 250 克，精盐 150 克，辣椒面 150 克，味精 50 克。

【做法】

1. 将白菜去根和老帮后，洗净，沥干水分，改刀切成四瓣，放入盆内，撒上盐腌 4 ~ 5 小时。

2. 萝卜去根、须、皮，切成薄片，用盐腌一下。

3. 苹果去皮、切成片，葱切碎，蒜捣成泥。

4. 将腌制好的白菜、萝卜沥去腌水，装入坛内，再把苹果、梨、牛肉汤等所有调料兑在一起浇在白菜上，卤汁要淹没白菜，用一干净重物压紧，使菜下沉，时间可根据季节而定，夏天一般 1 ~ 2 天，冬天一般为 3 ~ 4 天即可食用。

糖酱洋葱

【材料】

洋葱头 5000 克，红糖 300 克，姜 150 克，盐 75 克，花椒、大料各少许。

【做法】

1. 将洋葱去根和外层壳皮，用清水洗净，沥尽水分，改刀成滚刀块，放入盆内待用。

2. 把酱油、红糖、盐、花椒、大料等倒入锅中，上火烧开后晾凉。

3. 取净坛一只，将洋葱和兑好的汁液一起搅拌均匀即可装入坛中，封好口，3～4 天即可食用。

多味萝卜块

【材料】

白萝卜 5000 克，盐 750 克，姜粉 50 克，五香粉 50 克，辣椒粉 30 克，味精 10 克。

【做法】

将萝卜去缨蒂、根须，用水洗净，改切成小块，放入盆中，撒上盐拌匀，腌约一星期后，去掉腌水，拌上姜粉、五香粉、辣椒粉和味精，取坛一只，将拌好的萝卜块装入坛内压紧，也可注入些酱油，封好口约一星期后即可取出食用。

腌五香大头菜

【材料】

大头菜 5000 克，精盐 750 克，五香粉 100 克。

【做法】

将大头菜去根须洗净，切成佛手形状，用盐腌 7 天，取出晒六七成干，用手搓一下，搓出水来，再下缸腌 3 天后，取出晒到六成干，加五香粉拌匀，装入坛内封好口，1 个月后即可食用（存放时间越久越好吃）。

风味白菜

【材料】

大白菜 5000 克，盐 250 克，糖 250 克，苹果 250 克，梨 250 克，蒜 50 克，葱 100 克，花椒 25 克，味精 10 克。

【做法】

将大白菜叶梢和老帮去除，用水洗净，控干水分，切成菱形状，倒入盆内，撒上少许盐腌制一下后沥去腌水。然后将各种调味料放置一容器内捣烂后和白菜拌匀，再将拌匀的白菜装入缸内，压紧封好口，约一星期后即可取出食用。

香辣白菜

【材料】

大白菜 5000 克，精盐 50 克，白糖 500 克，醋 150 克，香油 100 克，干辣椒 100 克，葱白 50 克，姜 50 克。

【做法】

1. 将大白菜的老帮、根去掉，洗净，改刀成两瓣，再切成 1.5 厘米宽的条。

2. 把切好的白菜放入盆内，撒上盐腌 2～3 小时，再将白菜中的水分挤掉，摆入盆内。

3. 将干辣椒、葱白、生姜分别切成细丝，生火倒入香油烧热，投入辣椒，炸出辣香味放入葱、姜炒出香味，倒入醋、糖，晾凉，晾好的汁浇在白菜上，腌 4～5 小时即可。

最正宗的韩国泡菜

【材料】

大白菜，白萝卜，红萝卜，辣椒，姜，蒜，苹果，花椒，辣椒酱，白醋，白糖，海鲜（根据个人口味确定）。

【做法】

1. 切开白菜，洗净后，淋盐水，再在白菜上均匀地涂上盐，在盐水里浸泡一晚后，拿出沥干。

2. 酱料：在汤（水亦可）中加入辣椒粉搅拌均匀，将葱、蒜切好，把要加的海鲜、鱼类剁成泥，加入少量酒、油，将所有调料拌匀，最后加盐（多少按个人口味）。

拌葱头

【材料】

葱头 1 斤，青红辣椒 3 个，酱油、陈醋适量，精盐 5 钱，香油 3 分。

【做法】

将葱头剥去老皮洗净，直刀切成片，再改刀切成粗丝或小块；辣椒直刀切成丝，共装盘内，然后拌上精盐、酱油、陈醋，最后滴上香油，拌匀即好。

拌卷心菜

【材料】

卷心菜斤半，酱油 5 钱，香油 5 分，白糖 1 钱，食盐 2 分。

【做法】

将卷心菜剥去外帮洗净，直刀切成 1 寸长、半寸宽的碎段。入开水中煮两三分钟捞起，不可过度，沥去水放在碗中。将酱油、香油、白糖、食盐调入搅拌匀即好。除此，还可加入虾米、香干、青红辣椒丝，再调以醋，做成糖醋味卷心菜。

3. 从白菜心开始，将酱料均匀涂抹在每片白菜帮上，最后用最外面的叶子包裹住，放入容器即可。

拌绿豆芽

【材料】

绿豆芽2斤，黄瓜2两，精盐5钱，葱丝2钱，姜丝2钱，醋5钱，香油1钱。

【做法】

将绿豆芽拣去杂质洗净，入开水锅里焯熟（注意不要过火焯软），捞出控去水；黄瓜洗净直刀切成片，再切成细丝，撒上精盐，加入葱丝、姜丝拌匀，最后浇上醋、香油盛盘即好。如加入泡软的腐干丝、粉丝即成绿豆芽拌三丝。

麻酱拌豆角

【材料】

鲜豆角5两，芝麻酱2两，精盐5钱，味精适量，花椒油5钱，姜沫3钱。

【做法】

把豆角抽筋，折断，洗干净，在开水锅里焯熟，后用凉水浸泡，捞出控去水，放在调盘里。再把芝麻酱用冷开水调成糊状，把花椒油烧热，加入精盐、味精、姜沫浇在豆角上，拌匀即可装盘。

黄瓜拌虾片

【材料】

虾2对，黄瓜1根，青蒜苗2棵，青菜叶3棵，酱油5钱，香油1钱，陈醋2钱，水泡木耳2钱。

【做法】

将对虾剥皮，入开水锅里煮熟，捞出凉凉；把黄瓜洗净，直刀切成半圆片；青蒜苗、青菜叶拣洗净，直刀切成段，全部放在案上待用。这时将冷虾推切成片。再行装盘和调味。摆盘的次序是：先用青菜叶铺底，接着将虾片摆成花样（可自选），上层将黄瓜片、青蒜苗摆上，撒上木耳，倒入酱油、香油、陈醋即可。

肉丝拌粉皮

【材料】

猪肉（瘦）3两，绿豆粉皮2张，食油5钱，酱油3钱，香油5分，醋2钱，芥末5分，盐水1钱，麻酱5钱，味精适量。

【做法】

先将猪肉洗净，片成片再切成细丝；粉皮泡软后也直刀切成丝，入开水锅里煮一下，捞出放入凉水里，沥控水分，盛入盘里，用筷子搅散。再将炒锅置旺火上，倒入油烧热，随即将肉丝入锅煸炒，加1钱酱油，待肉色变色盛在粉丝上。浇上醋、香油、芥末、盐水、味精兑成的汁，最后淋上麻酱即成。

拌韭菜

【材料】

鲜韭菜2斤，食盐5钱，花椒10粒。

【做法】

将韭菜拣好洗净，直刀切成寸段，拌上食盐、花椒，放入盆里加盖，腌两三天即可食用。

麻辣粉丝

【材料】

粉丝6两，白糖5分，酱油1两，辣椒油5钱，醋3钱，花椒粉1钱，味精适量。

【做法】

先将粉丝用开水泡软，切成2寸长的段放盘内。用碗一只，放入酱油、醋、白糖、味精和冷开水5钱，调成卤汁，浇在粉丝上，撒上花椒粉，淋入辣椒油，拌匀即成。

拌香黄豆

【材料】

黄豆2斤，食盐1两，酱油1两，黄酒5钱，五香粉5钱，葱花2钱。

【做法】

将黄豆拣去洗净，倒入锅里，加水浸住豆面，倒入五香粉（也可加1钱灵云香），上旺火煮1刻钟左右，移至小火焖煮，这时须加入盐、酱油、黄酒等作料，紧盖锅盖焖至豆皮发胀，汤成浓汁时起锅，晾冷装盘。吃时可撒些葱花，滴几滴香油，其味更香。

拌粉皮

【材料】

粉面5两，清水3斤，黄瓜2两，芝麻酱5钱，芥末3钱，辣椒油5钱，香油2钱，调和汤8两。

【做法】

将粉面加入清水打成浓汁，上火熬成糊状，熬好后摊在木板上，薄厚要均匀，凉冷后卷起，切成宽条盛盘，撒上黄瓜丝，调入芝麻酱、芥末、辣椒油，浇上调和汤，滴入香油即成。

拌芹菜

【材料】

鲜嫩芹菜2斤，精盐5钱，香油5分，醋3钱，酱油3钱。

【做法】

将芹菜摘叶拣净，削去毛根，洗净。切成5分长节，入开水锅里焯一下，之后撒上精盐拌匀，食用时浇上酱油、陈醋、香油，也可浇入花椒油，其味更浓。醋不可早放，否则菜会变黄。

茄汁芹菜

【材料】

嫩芹菜1斤，茄汁2两，精盐2钱，食油1两，白醋1钱。

【做法】

1．选鲜嫩芹菜，摘去叶、根洗净，用刀把梗部顺直剖开，投入开水锅中，见水再开时捞出，沥水后切成1寸长的段，加入精盐、味精放盘内。

2．锅放炉火上，放入食油烧热，加入茄汁、白糖、醋和水适量，烧开后浇在芹菜上即成。

五香花生米

【材料】

花生米1斤，精盐1两，花椒1钱，大料1钱，豆蔻半钱，姜3片。

【做法】

将花生米拣净，用温开水泡在盆内约两小时，锅内加水两三斤上火，放上盐、花椒、大料、豆蔻、姜，加入花生米煮熟，连汤倒入盆内，吃时捞出盛盘即成。

菠菜泥

【材料】

菠菜1斤，姜沫2钱，五香豆腐干2块，精盐8分，虾米3钱，白糖3分，熟咸瘦肉2钱，芝麻油3钱。

【做法】

1．将菠菜摘去老叶，削去根尖洗净，下开水锅里烫，至水再开时（中间把菜翻个身），稍停片刻，捞起沥水，然后捋齐挤去水分，剁成碎末，再挤一次水放盆中，加入精盐和白糖拌匀。

2．虾米洗去灰尘杂质，放小碗里，加开水刚没平虾米（最好是上笼蒸20分钟），泡软后切成碎沫。五香豆腐干和熟咸瘦肉也都切成碎末。上述各末同姜沫、泡虾米一起倒在菠菜中，淋入芝麻油，拌匀即成。

拌什锦

【材料】

粉丝3两，熟猪肉1两，熟鸡肉1两，熟火腿1两，水发海米5钱，鸡蛋2个，菠菜心3棵，酱油8钱，发冬菇3钱，醋3钱，香油1钱，芥末糊2钱，味精适量。

【做法】

先将粉丝切成5寸长段，放入开水中煮至中心无硬心为止，捞出用冷水稍泡一下，滗去水，摆在盘的周围；菠菜心直刀切成寸段；冬菇片刀片开，用开水烫过备用；再将炒勺放在火上烧热，把鸡蛋打开倒入摊成1分厚的蛋皮，揭起蛋皮切成2寸长、1分宽的丝；猪肉、鸡肉、火腿用直刀切成1分多粗、1.2寸的丝。把各种原料分颜色整齐地摆在盘的粉丝中间，把海米撒在粉丝上。最后在碗里把酱油、醋、香油、芥末糊、味精调成汁，食用时浇入即可。

青椒拌干丝

【材料】

青椒5两，香豆腐干3块，香油1钱，白糖1钱，精盐1钱，味精适量。

【做法】

先将青椒去柄洗净，用直刀切成细丝；香豆腐干也用直刀切成细丝，一同放入开水锅里焯一下捞出，沥去水后倒入调盆里，加入香油、白糖、精盐、味精拌和均匀即可装盘。

三丝芹菜

【材料】

嫩芹菜1斤，精盐5分，水发冬菇1两，白糖5分，净笋肉1两，味精1分，五香干2块，芝麻油3钱，姜沫2分。

【做法】

1.将芹菜去叶削根洗净，放入开水锅中，见水再开时捞起，沥水后切成1寸长的段，加精盐2分拌匀，装盘中。

2.将冬菇、笋、香干切成细丝，放开水锅中烫一下捞起，沥水后撒在芹菜上，再加入姜沫、白糖、精盐拌匀，浇上芝麻油即成。

炝菜花

【材料】

菜花2斤，精盐5钱，椒油5钱，葱花1钱，姜2钱。

【做法】

将菜花去根洗净，破开花瓣，直刀切成约8分块，放在开水中煮沸，然后捞出控干，撒上精盐盛盘，末了放上葱、姜，把椒油加热炝上即成。

炝芹菜

【材料】

鲜嫩芹菜 1.5 斤，姜沫 1 钱，精盐 5 钱，味精适量，椒油 5 钱，陈醋 2 钱。

【做法】

将鲜芹菜择去叶和根，洗净，直刀切成 8 分长段（粗根可劈两瓣），放进开水锅中汆熟捞出，用凉水冲冷控干，再将精盐、味精、陈醋拌匀盛盘，放上姜沫，倒上加热的椒油炝味即可。

炝辣三丝

【材料】

莴笋 1 斤，黄瓜 5 两，精盐 5 钱，红辣椒 2 两，葱 1 钱，姜 3 片，醋 2 钱，椒油 5 钱。

【做法】

将莴笋削去皮洗净，直刀切成丝；黄瓜洗净切丝；辣椒也切成丝。撒上精盐、醋拌匀，放上葱、姜，炝上椒油即成。

三味黄瓜

【材料】

黄瓜 2.5 斤，辣椒 4 个，精盐 5 钱，白糖 3 钱，醋 5 钱，葱 1 钱，姜丝 2 钱，酱油 2 钱，椒油 5 钱。

【做法】

将黄瓜洗净去瓤，直刀切成 3 分宽、8 分长的段；辣椒也直刀切成丝；黄瓜在开水中焯一下捞出控干，撒上盐拌匀盛盘。起锅把椒油加热，放上葱、姜、辣椒、酱油、醋、白糖等调好炝在黄瓜上即成。

炝油菜

【材料】

鲜油菜 2 斤，精盐 5 钱，椒油 5 钱，姜 3 片，葱 1 钱。

【做法】

将油菜去叶根，洗净，直刀切成 8 分长的抹刀片，放在开水中焯熟，捞出控干，拌上精盐盛盘，撒上葱丝、姜沫，把椒油加热炝入即可。

油激黄瓜

【材料】

嫩黄瓜 1 斤，食油半斤（耗油 1 两），花椒 10 粒，辣椒 2 个，葱半棵，姜丝 2 钱，白糖 3 钱，醋 2 钱，精盐 5 钱。

【做法】

将黄瓜洗净，在案上切去两头，一剖两瓣挖去瓤子。切成间距 1 分的斜纹，刀的深度为黄瓜的一半，不要切透，再切成寸段；辣椒洗净直刀切成细丝。再将炒锅置旺火上，倒入油烧至八成熟，将黄瓜炸成碧绿然后捞出，摆在盘里。锅内留少许油，炸入花椒至焦捞出。随之把葱、姜、辣椒丝及各种调料放入，兑成汁，浇在黄瓜上即成。

炝绿豆芽

【材料】

绿豆芽 2 斤，食盐 5 钱，椒油 5 钱，葱丝 1 钱，姜 3 片，芫荽 2 棵，醋 3 钱。

【做法】

将绿豆芽拣好洗净，放入开水中余一下，捞出控干，撒上盐、醋、青菜叶拌匀盛盘。最末放上葱、姜、芫荽，炝上椒油即可。

炝辣白菜

【材料】

大白菜 2 斤，干红辣椒 4 个，姜 3 钱，白糖 2 钱，酱油 5 钱，香油 5 钱，精盐 8 钱。

【做法】

将白菜剥去外帮洗净，直刀切成 3 分厚宽的条片，加盐拌匀，腌制后捞出，用凉开水冲去盐味并控干，放在盆内。再将白糖、醋、酱油化开倒在白菜上，把两个辣椒、姜切成丝，撒在白菜上，然后用香油把另 2 个干辣椒炸成黄色一并倒在盆里，炝后盖 10 分钟即可。

炝辣椒黄瓜

【材料】

鲜嫩黄瓜 2 斤，红辣椒 4 个，精盐 5 钱，椒油 5 钱，酱油 1 钱，葱 1 钱，姜 3 片，白糖 2 钱，陈醋 3 钱。

【做法】

将黄瓜洗净，用刀劈成两瓣去瓤，直刀切成 8 分长段，撒上盐，腌 10 分钟控干。再把酱油、醋、白糖、精盐一起拌匀。辣子切丝，葱、姜也切丝放上，椒油加热后炝在辣丝上，用盘扣上一会儿即可。

炝海带丝

【材料】

水发海带 1.5 斤，精盐 5 钱，椒油 5 钱，青菜 3 棵，醋 3 钱，葱丝 1 钱，姜 3 片。

【做法】

将海带洗净，切成细丝，放在开水中焯一下捞出控干，撒上精盐、青菜丝拌匀盛盘，最后放上葱、姜，倒上醋，椒油加热炝上即成。

三味白菜

【材料】

白菜 2 斤，红辣椒 4 个，白糖 5 钱，精盐 5 钱，醋 5 钱，椒油 5 钱，葱丝 1 钱，姜丝 3 片，酱油 2 钱，味精 10 粒。

【做法】

将白菜拣去黄帮烂叶，去根洗净，直刀切 3 分宽、8 分长块，放在开水中焯熟捞出晾冷控干，辣椒切成细丝待用；撒上精盐，把白菜拌匀，起锅把椒油加热，放上辣丝、葱丝、姜丝、白糖、醋、酱油、味精等调料炝上即成。

韭黄拌干丝

【材料】

韭黄四两，香豆腐干 2 两，精盐 8 分，白糖 5 分，味精 1 分，芝麻油 3 钱。

【做法】

将韭黄洗净，下开水锅里略烫一下，迅速翻个身，再烫约 3 秒钟，捞放在竹篮内，用力甩去水，然后切成 1 寸长的段，放盘中，趁热拌入精盐和味精。另将香干切成丝，撒在韭黄上，淋入芝麻油，拌匀即成。

海带拌粉丝

【材料】

水发海带 3 两，青菜叶 3 棵，水粉丝 2 两，醋 3 钱，酱油 5 钱，味精 10 粒，精盐 3 钱，葱花 2 钱，姜沫 1 钱，香油 1 钱，蒜 3 瓣捣泥。

【做法】

将海带洗净沙，直刀切成细丝，入开水氽透捞出；水粉丝推切成 5 寸段；青菜叶洗净直刀切细；各种调料拌匀即可。

酱八宝菜

【材料】

黄瓜 1000 克，藕、豆角各 800 克，红豆 400 克，花生米 300 克，栗子仁 200 克，核桃仁 100 克，杏仁 100 克（以上原料应先行腌制好），黄酱 2000 克，糖 100 克，酱油 1000 克。

【做法】

将以上原料均加工成大小均等的形状混合在一起，用水泡出部分咸味，捞出晾干，装入布袋入缸，缸中放黄酱，糖色酱油每天搅拌 1 次，5 ~ 7 天后即成。材料先腌制时加盐不宜过多，时间要长一点，5 ~ 8 天，缸中的调料应淹没材料，如不足可加凉开水。

酱黄瓜

【材料】

鲜黄瓜 5000 克，粗盐 400 克，甜面酱 700 克。

【做法】

将黄瓜洗净，沥干水分，须长剖开成两条（也可不切开）加粗盐拌匀压实，面上用干净大石块压住。腌制 3 ~ 4 天后，将黄瓜捞出，沥干盐水。

将腌缸洗净擦干，倒入沥干的黄瓜加甜面酱拌匀，盖好缸盖酱制 10 天即可食用。

酱莴笋

【材料】

肥大嫩莴笋 3000 克，食盐 50 克，豆瓣酱 150 克。

【做法】

1. 把莴笋削去外皮，洗净；放置于消毒干净小缸中用盐腌制，置于阳光下晒干。

2. 将豆瓣酱涂抹在莴笋上，重新放入小缸内，酱制 3 ~ 4 天后，即可食用。

3. 莴笋上抹豆瓣酱要抹匀，以免酱出的菜味不一致。

4. 若大量酱制，可拣去豆瓣渣晒干，储存在坛子内，经久不坏；此菜味道鲜美、酱香味浓，可与四川榨菜媲美。

酸白菜

【材料】

白菜 5000 克，辣椒 100 克，盐 500 克，
生姜 250 克，米醋 1000 克。

【做法】

将白菜去老叶洗净切成条，晾至半干，
放入坛中，加入调料拌匀，腌约 2 天即可。

泡辣茄条

【材料】

大小中等鲜茄子 2000 克，盐水 2000 克，
红糖 20 克，干红辣椒 100 克，食盐 50 克，
白酒 15 克，香料包 1 个。

【做法】

将茄子去蒂（留 1 厘米不剪）洗净，把
各种调料拌匀装入坛中，放入茄子和香
料包，用竹夹卡紧，盖上盖，添满坛沿水，
泡 15 天左右即成。

什锦泡菜

【材料】

圆白菜、蒜薹、葱头、青笋、黄瓜、鲜
红辣椒、萝卜、扁豆、嫩姜、大蒜各 250 克，
干辣椒 100 克，花椒 100 克，老姜 100 克，
食盐 150 克，白酒 40 克，红糖 80 克。

【做法】

将泡菜坛消毒洗净，用净布擦干水分。
把 2 公斤凉开水注入坛内，放食盐、干
辣椒、花椒、老姜、红糖、白酒制成泡

菜水。把要泡的各种菜全部择洗干净晾
干放入坛中，盖好盖儿，添足坛沿水，
要经常检查坛沿不能缺水，如此泡制
7 ~ 10 天即可。

泡洋姜

【材料】

洋姜 5000 克，盐 1000 克，辣椒 500 克，
五香粉 100 克，陈皮 80 克，花椒 9 克，生
姜片 5 片。

【做法】

1. 预备泡菜坛子，里外洗净，用干布擦干。
2. 把洋姜去皮，洗净，切片，晒成半干，
与上述调料拌匀，放入坛中，封好口腌制 1
个月后即可。

糖醋黄瓜

【材料】

嫩黄瓜 5000 克，白糖 250 克，盐 250 克，
醋 20 克。

【做法】

将黄瓜洗净，切开，把籽去掉，晾至半干，
然后浸泡在白糖、醋和盐调成的溶液中，
密封 15 天即可。

泡萝卜条

【材料】

鲜嫩白萝卜 1000 克，凉盐开水 1000 克，白酒 100 克，干辣椒 30 克，糖 8 克，盐 25 克，花椒 3 克。

【做法】

1．将萝卜削去顶须洗净晾干，然后切成适当的长条，放置室外晾晒至发蔫。

2．将干辣椒、糖、花椒、盐、白酒及白萝卜条拌匀放入坛中，倒入盐水，坛边用水密封保存 5 天后，即可食用。

泡四季豆

【材料】

鲜嫩四季豆 2000 克，盐 120 克，大蒜 40 克，干辣椒 40 克，白酒 20 克，生姜 40 克。

【做法】

1．用凉开水将盐化开，把去皮蒜瓣、干辣椒、生姜放在盐水中泡 1 个月。

2．将四季豆择去老筋洗净，晾干表面的水分，把前制好的泡菜水倒入坛中，再放入豆角，用竹片将菜夹紧，压上石块，盖上坛盖添足坛沿水，泡 10 天即可。

泡什锦菜

【材料】

大白菜，蒜瓣，茭白，蒜薹，苦瓜，扁豆，葱头，苔菜，萝卜，盖菜，青笋，黄瓜，嫩姜芽，鲜红辣椒共 2800 克，干辣椒 100 克，花椒 120 克，老姜 120 克，食盐 150 克，白酒 40 克，红糖 80 克。

【做法】

1．将泡菜坛洗净，用净布擦去水分，把 2 公斤凉开水注入坛内，下食盐、干辣椒、花椒、老姜、红糖、白酒等，成为泡水。

2．把要泡的各种菜全部择洗干净，晾干，放入坛中。

3．盖好坛盖，添足坛沿水，并经常进行检查，不使坛沿内缺水，如此泡制 7 ~ 10 天，即可食用。

腌糖醋蒜头

【材料】

鲜蒜头 5000 克，盐 1000 克，白糖 1000 克，凉开水 1000 克，醋 500 克。

【做法】

1．削去蒜头须根，留 2 ~ 3 厘米长的蒜梗，剥去干皮，清洗后入缸，每 5000 克蒜头加 250 克盐，腌 1 天，中间倒缸 3 次。

2．再加水撇去辣味，每天换水 1 次，连续 4 天。然后捞出蒜头，沥干水分，按每 5000 克的蒜头加盐（750 克）、白糖（1000 克）、凉开水（1000 克），拌和，再入缸腌制，放阴凉处。

3．15 天左右即成，一般在食用前 5 天加入 10% 醋浸泡，酸甜。

怪味萝卜丝

【材料】

萝卜 4000 克，盐 4 克，花椒 80 克，茴香 5 克，生姜、辣椒共 300 克。

【做法】

1. 将萝卜洗净晾干，切成丝，再将盐、花椒、茴香、生姜、辣椒等放入开水中煮 30 分钟，去除杂物，冷却后与萝卜丝一同放入缸内，密封 7 天即可。

2. 食用时可加入少量酱油、醋。若长期存放，需将水分控干密封。

五香萝卜干

【材料】

白萝卜 10 千克，粗盐 1000 克，花椒、大料适量。

【做法】

1. 将萝卜去根须削顶洗净，从中切开，放入干净的缸内，加粗盐和清水，水要淹过萝卜面，腌制 1 个月后即成腌萝卜。

2. 将萝卜切成粗条，晾晒至干。

3. 把腌萝卜的卤汁撇去上面的污物和浮沫，轻轻倒入大锅内（不要倒出缸底渣物），加花椒大料，熬至卤汁发红色时离火，晾凉。

4. 将萝卜再放入缸内，倒入卤汁搅拌均匀，闷放 2 天后，萝卜干回软，如过干可加卤汁使萝卜干湿润为准，晾晒萝卜条要不时翻动，以免受捂影响口味。

酱油花生

【材料】

新鲜花生米 500 克，优质酱油 250 克。

【做法】

1. 将花生米挑选干净，放入锅中炒熟，去皮放在大口玻璃瓶内。

2. 把酱油放入锅中熬开，晾凉后倒入花生米中，酱油需浸没花生米，然后盖好盖泡约 7 天即可食用。此菜不宜久储，适于勤泡勤吃。

腌五香辣椒

【材料】

辣椒 10 千克，盐 1000 克，五香粉 100 克。

【做法】

将辣椒洗净，晒成半干，加入调料拌匀，入缸密封。15 天后即可食用。

红辣大头菜

【材料】

咸大头菜 5000 克，盐 50 克，酱油 500 克，辣椒粉 100 克。

【做法】

1. 将咸大头菜洗好切成不分散的薄片入缸，用酱油泡 2 ～ 3 天，取出。

2. 把大头菜片撒匀辣椒粉、细盐，放入容器中焖制 5 天即成。

腌酸辣萝卜干

【材料】

白萝卜5000克，辣椒粉30克，食醋800克，白糖200克，食盐175克，香油100克，花椒、大料各10克，味精适量，水2000克。

【做法】

1.先将萝卜择洗干净，然后加工成3厘米长，宽、厚均0.5厘米的条，晾晒至八成干备用。

2.香油烧热，加入辣椒粉炸至微黄时倒入萝卜干拌匀。

3.将食盐、白糖、花椒、大料放入锅内加水熬开，加入味精，待凉后倒入缸内，与萝卜干拌匀，每天翻动一次，15天左右即为成品，要求呈红黄色。质地筋脆，味道酸辣。

腌朝鲜辣白菜

【材料】

白菜，红干辣椒沫，大蒜，鲜姜，精盐，苹果，白梨，鲜鱼，牛肉汤。

【做法】

1.把白菜去掉老帮、黄叶，冲洗干净，一切两瓣，用适量盐水浸泡2天，捞出沥去水分。

2.将大蒜去皮、蒂，洗净切蒜沫。苹果、白梨洗净切碎，鲜鱼洗干净剁碎，加入干辣椒沫，牛肉汤备用。

3.用配好的调味品将白菜涂抹均匀，然后码摆在净缸中。把缸埋在地下，周围用草垫好，留20%出地面，然后密封，用草盖严，保持在4度左右，待15～20天即可食用。

腌辣韭菜花

【材料】

韭菜花10千克，盐400克，生姜200克，辣椒50克，料酒50克，花椒20克。

【做法】

将韭菜花加生姜、辣椒切碎，拌入盐、花椒和料酒装坛密封，30天即成，咸、香、鲜、辣。

泡糖蒜

【材料】

鲜蒜3000克，白糖1200克，盐70克。

【做法】

1.将蒜去老皮，码入干净的小缸内，码时一层蒜撒一层盐，3000克撒（50克）盐，最后在上面浇上（100克）清水，腌泡12个小时，往蒜缸里浸清水，淹没蒜面，要隔3天换一次水，以除蒜辣味。

2.将蒜捞出放入干净盆内，撒入白糖，用手将糖均匀地搓在蒜上，然后把蒜装入坛中，每隔一层蒜撒一层白糖将糖撒完。

3.用清水（300克）、盐上火熬开晾凉徐徐倒入坛中，然后用两层纱布封住坛口，用细绳勒紧，放置阴凉处约50天即可。

泡嫩姜

【材料】

嫩姜 10 千克，凉开水 3000 克，盐 2000 克。

【做法】

1. 将嫩姜去皮洗净晾干，装入泡菜坛内。

2. 把凉开水和盐化开加入坛内，盖好盖儿，在坛口沿水槽里加满凉水，10 天后即成。

泡五香黄瓜

【材料】

鲜嫩黄瓜 5000 克，凉开水 1500 克，干红辣椒 100 克，盐 250 克，白酒 50 克，五香粉 50 克，酱油 20 克。

【做法】

1. 将黄瓜洗净，先用 25% 的盐水泡 2 小时，捞出后沥干。

2. 将凉开水、盐、白酒、红辣椒、五香粉、酱油放入坛内，再将黄瓜放入，盖上坛盖封口，泡 10 天即成。

腊八蒜

【材料】

大蒜头 3000 克，醋 1500 克，白糖 860 克。

【做法】

1. 用一干净盛具，最好用开水煮过消毒，作为泡腊八蒜的容器。

2. 选好大蒜，去皮洗净，晾干，先泡入醋内，再加入白糖，拌匀，置于 10 ~ 15 度的条件下，泡制 10 天即成。

此泡蒜在农村多于腊月初八那天泡制，因这个季节泡蒜气温很适宜，故称腊八蒜。醋、糖的配量还可以适当变换，但不可变动过大。成品蒜呈淡绿色，味道酸、甜、辣俱全，十分可口。

四川泡辣椒

【材料】

尖头鲜红辣椒 3000 克，粗盐 560 克，明矾 120 克，凉开水 1800 克。

【做法】

1. 先将粗盐、明矾放小缸内，加凉开水，搅动，待粗盐、明矾溶化后，备用。

2. 拣无虫害的红辣椒洗净，晾干，去梗、去蒂，再用尖头竹签在辣椒两旁戳两个小洞，以便于辣椒入味。再把辣椒放入盐缸内，用石头压实，盖紧。

3. 腌至半个月后，翻缸检查一次，撇去浮面白沫，并注意拣出发霉腐烂的辣椒，再压实，盖严。腌至 6 个月后即成。

4. 半个月后翻看 1 次，极为重要，否则个别腐烂、发霉辣椒会导致全缸受害。这一点是平时泡辣椒不成功的重要原因之一。

5. 泡辣椒的缸应放在阴凉处，防止曝晒，引起坏缸。

6. 吃泡辣椒时，从缸中取辣椒切忌沾染油星，以防泡辣椒变质。

糖醋蒜薹

【材料】

鲜嫩蒜薹 3000 克，糖 150 克，醋 85 克，盐 75 克。

【做法】

1. 先将蒜薹择洗干净，切成 3 厘米长的段用沸水焯去辣味，捞出，晾去表面水分。

2. 取一净坛子，放进蒜薹，然后放进糖、醋、盐，适当加入水，使水没过蒜薹。如此泡制 1 天，即可食用。甜酸，嫩脆。开始口味稍差，7 天以后，味浓微咸，风味大增。

泡豆角

【材料】

鲜豆角 5000 克，食盐 400 克，鲜姜、大蒜各 100 克，花椒、大料各 15 克，白酒 50 克，白糖 50 克。

【做法】

1. 先将食盐、蒜、生姜、花椒、大料、白糖放入凉开水中泡 20 天后备用。

2. 将豆角去筋后洗净沥干，放入料汤内，同时加入白酒，密封坛口，10 天即为成品。

酱辣黄瓜

【材料】

腌黄瓜 8000 克，干辣椒 80 克，白糖 30 克，面酱 4000 克。

【做法】

1. 将腌黄瓜用清水洗一下，切成厚 3 厘米的方形片，用水浸泡 1 小时，中间换 2 次水，捞出控干，装进布袋投入面酱中浸泡，每天翻动 2 ~ 3 次。

2. 酱制 6 ~ 7 天后，开袋倒出黄瓜片，控干咸汁，拌入干辣椒丝和白糖，3 天后黄瓜片表皮干亮即成。

要注意布袋内外的清洁，特别是袋表面不可沾上污物带入缸内。

黄瓜片拌入辣椒和白糖时，一定要注意拌匀，如不匀，菜的味道就不会好，影响质量。成品菜色泽浅红，甜辣可口。

腌西红柿

【材料】

西红柿 2000 克，盐 1000 克。

【做法】

1. 将红透的西红柿用开水烫一下去皮，凉后放缸内，一层西红柿一层盐，盖好存放 7 天（在此期间有发酵冒气泡的现象，这是正常的，不是坏了）。

2. 然后用纸条把盖密封起来就行了，放在阴凉通风处所（冬天不要冻了），到冬季可以拿出来炒菜、做汤。

3. 另一种腌法是将西红柿放在 20% 浓度的盐水中腌存，这样腌制的西红柿鲜嫩可口，味道完全和新鲜的一样，炒菜、做汤均可。

腌糖蒜

【材料】

鲜蒜5000克，精盐500克，红糖1000克，醋500克。

【做法】

1. 将鲜蒜放在清水中泡5～7天（每天换一次水）。

2. 将泡过后的蒜用精盐腌着，每天要翻一次缸，腌到第四天捞出晒干。

3. 坐锅，加入水3500克，红糖、醋煮开，端离火口，凉透；将处理好的蒜装入坛，倒入清水，腌7天即可食用。腌过的糖蒜鲜而不辣，却有蒜味；稍酸而甜，非常可口。

酱蒜薹

【材料】

鲜嫩蒜薹5000克，盐500克，面酱2500克。

【做法】

1. 将蒜薹剪去根和籽洗净放入坛中，用盐泡1天后捞出切成4厘米长的段，再放入清水浸泡2小时，中间换2～3次水。

2. 将蒜薹捞出，在阴凉处晾干，装进布袋。

3. 将面酱放入缸中，把蒜薹布袋投入面酱缸中酱渍，每天搅动2次，10天左右即成。

五香花色萝卜丝

【材料】

青萝卜，胡萝卜，紫菜头，心里美萝卜，香菜梗共5公斤，精盐、小茴香、陈皮、桂皮、花椒、大料各50克，醋500克，白糖200克。

【做法】

1. 将各种萝卜切成细丝，香菜梗切成3厘米长的段，把萝卜丝用盐拌匀，装缸（或坛）腌制2～3天，控干水分，晒至六成干。将各种调料装入纱布袋，封好口，放入锅中，加醋、水1000克，熬出香味时，改微火再熬10分钟，凉透后加白糖100克搅溶化为止。

2. 把萝卜丝装进坛内压紧，浇入配好的汁液，用厚纸糊上坛口，再用黏土封闭，放到5度左右的地方，10天后即可食用。五香味浓，微觉甜酸，色泽鲜艳。

酱萝卜

【材料】

新鲜白萝卜5000克，粗盐50克，甜面酱800克。

【做法】

1. 将萝卜洗净沥干水分切成长条，放入缸内，加粗盐搅拌均匀，用石头压实腌制2～3天，将萝卜捞出，沥干盐水。

2. 倒掉缸内卤汁，将缸洗净擦干倒入沥净水的萝卜条加甜面酱拌匀。盖好缸盖，酱制10天左右即可。酱制时的盛器必须干净、干燥，特别是第二次用甜面酱腌制，更要求器具卫生。

酸甜莲藕

【材料】

鲜嫩莲藕 3000 克，白糖 800 克，醋 300 克，盐 300 克，生姜 10 克，八角 6 克。

【做法】

1. 将藕洗净泥土去皮，切片，用盐腌 1 小时，压干水分。

2. 将其他调料放入沸水锅中（加水 2000 克）熬约 5 分钟，晾凉后，同藕一起倒入坛中，4 ～ 5 天后即可食用。

泡笋条

【材料】

莴笋 1000 克，老盐水 700 克，红糖 5 克，食盐 10 克，干红椒 10 克，料酒 20 克，醪糟汁 5 克，香料包 1 个。

【做法】

1. 将莴笋去叶、皮、洗净，剖两片，在淡盐水中泡 1 小时，捞起，晾干表面水分。

2. 将各种调料拌匀装入坛中，放莴笋条及香料包，用竹片卡紧盖上坛盖添满坛沿水，泡 1 小时即成。

泡雪里蕻

【材料】

雪里蕻 200 克，老盐水 1400 克，食盐 100 克，红糖 30 克，白酒 25 克，干红辣椒 50 克，香料包（花椒、苹果、大料、姜片）用纱布包好。

【做法】

1. 将雪里蕻去老茎黄叶洗净，在日光下晒至稍干发蔫，均匀地抹上盐，放入缸中，用石块压好，1 天后取出，沥干涩水。

2. 将上述各种调料拌匀放入坛内，放雪里蕻及香料包，用竹夹卡住，盖上盖儿，添足坛沿水，泡两天即可食用。

泡五香辣味蒜

【材料】

新鲜大蒜 2000 克，盐水 1500 克，盐 400 克，干红辣椒 30 克，白酒 30 克，红糖 30 克，香料包（花椒、大料、苹果、姜片各少许）用纱布包好。

【做法】

1. 将蒜去皮，洗净，用盐、酒拌匀放盆内腌渍，两天翻动 1 次，10 天后捞出沥干。

2. 将上述调料拌匀，装入坛内放大蒜及香料包，盖上坛盖，添足坛沿水泡 1 个月即成。

泡辣椒

【材料】

尖鲜辣椒 500 克，盐 60 克，白酒适量。

【做法】

将粗盐放锅中，加 200 克水，烧沸使盐溶化，将辣椒去蒂、籽，洗净，切成小块，晾干，取泡菜坛反复用开水洗净，消毒，将干透的辣椒块放入坛内倒入盐卤，浸没辣椒，然后滴入少许白酒盖好盖儿，腌泡 1 个月左右即可食用。

泡酸辣萝卜

【材料】

青萝卜 10 千克，干红辣椒 100 克，精盐 150 克，花椒 10 粒，醋 20 克。

【做法】

1. 把萝卜削去须根洗净，切成长条，将辣椒去蒂、籽，洗净，切成丝。

2. 把缸用净干布擦净，将萝卜条、辣椒丝拌匀，放入缸内，加入兑好的盐水，比例为 1000 克清水加 50 克盐。

3. 盐水加过萝卜条再撒一些花椒粒，加醋。

4. 将缸放在温暖处，10 天左右即可。

泡子姜

【材料】

新鲜子姜 2500 克，一等老盐水 2500 克，鲜小红辣椒 150 克，食盐 120 克，红糖 25 克，白酒 50 克，香料包 1 个。

【做法】

1. 先将子姜去掉粗皮、老茎，而后将姜洗净，放在净水中泡 2 ～ 5 天，作为预处理，捞起，放到阳光下晾干附着的水分，待用。

2. 将老盐水倒入坛中，先放入 10 克红糖，同时放入盐和白酒并搅匀，放入辣椒垫底，再加入子姜，待装至一半时，再放入余下的红糖和香料包，继续装余下的子姜，而后用竹片在姜上面卡住，使姜不会移动和漂浮。盖上坛盖，添足坛沿水，约泡 1 周即成。

3. 选姜时应选带泥、老根短、芽瓣多的鲜子姜作原料。

盐水宜用老盐水，如果老盐水不足，也可用老盐水接种新的盐水，但其效果不如前者好。

4. 将香料包放入。

5. 如果将子姜切成丝或片入泡的，约用 1 天即成。此菜属四川风味泡菜，色泽微黄，鲜嫩清香，微辣带甜。原泡子姜可储 2 年时间。

一、夏季的饮食原则

在炎热的夏季，许多人胃口变差，消化功能随之降低，容易困倦无力和诱发肠胃疾病。因此，在夏季坚持科学的饮食原则，是保持饮食健康的重要前提。

1. 盛夏饮食苦尽甘来

常言道苦尽甘来，这不仅包含着人生哲理，同样蕴涵着养生理论。苦味食品中富含生物碱性物质，具有舒张血管、消暑清热和促进血液循环的作用。适当进食苦味食品，能有效增进食欲、健脾益胃、提神醒脑和清心解乏。咖啡、苦瓜、茶叶和苦菜，都是适宜夏季进食的苦味食品。

但是苦味食品不可过量，以免引起呕吐、恶心等不良反应。

2. 适当冷饮消暑渴

夏季高温会导致人体产生一系列不良反应，比如食欲不振、精神困倦，酷热烦渴等。这时适量喝一些冷饮，能消暑解渴、帮助消化和促进食欲，从而促进人体的营养平衡，对健康大有裨益。由于高温的影响，人体会产生一系列生理反应，导致精神不振、食欲减退。这时，若能在膳食上合理安排，适当吃些冷饮，不仅能消暑解渴，还可帮助消化，使人体的营养保持平衡，有益于健康，不可过食冷饮和饮料。雪糕、冰砖等冷食是用牛奶、蛋粉、糖等材料制成的，不可食之过多，过食会使胃肠温度下降，引起不规则收缩，可诱发腹痛、腹泻等病症。饮料的品种较多，多饮会影响食欲，严重的可损伤脾胃或导致胃肠功能紊乱。

小孩儿和老人的脾胃消化能力不高，对于生冷和冷饮尤其要注意，以免损害脾胃，诱发腹泻和腹痛。

3. 补充盐分和维族

盛夏人体排汗较多，身体盐分流失厉害，需要多多补充盐分，以供给身体所需，保持人体酸碱平衡以及稳定。同时，盛夏人体对于维生素一族的摄取同样必不可少。高温天气大量消耗人体内部的糖分和蛋白质。营养专家提醒，每天进食适量的黄瓜、西红柿、豆类及其制品、动物肝脏、虾皮、果汁等，能有效补充人体消耗的营养。

人体内的钾，也会随着汗液的排除而流失，从而导致人体血钾降低，出现头晕头痛和体倦无力的状态。因此，要多吃新鲜蔬菜，比如桃子、草莓、杏子、李子、荔枝、芹菜、大葱、毛豆，以补充体内钾含量。茶叶也富含钾，热天多喝茶，既能补充钾，更能消暑解渴，一举两得。

4. 饮食要注意卫生

夏天进食生冷食品比较多，要注意卫生。生冷瓜果要洗净消毒后再食用，凉拌菜多放蒜泥和食醋，调味提神和开胃消毒一举四得。生菜剩饭要冷藏，变质变味不可再食用。要注意个人卫生，勤洗手、洗脸、勤洗澡。

夏季尽管气温高，但是在饮食上不可过度贪凉，以防止病原微生物趁机而入。

5. 忌燥热宜清淡

暑期热天，要少吃油腻肥厚和燥热温补的食品，多吃健脾清淡和祛暑化湿的食品。一些具有滋阴清淡功能的食品，比如虾、食用蕈类（香菇、蘑菇、平菇、银耳等）、鲫鱼、瘦肉、薏米、鸭肉等，适宜在夏季食用。这些食品经过美味烹调，制作成鲜美佳肴，能补充营养、增进食欲和消暑健身。

此外，绿豆、扁豆、荷叶和薄荷等具有祛暑生津的原料熬煮成粥，美味可口，消暑解渴，开胃健脾。

清淡食品有助于开胃健脾，增进食欲。甘蔗、大枣、西瓜、梨、荔枝、莲子、蚕豆、荞麦、猪肚、猪肉、鸭肉、鹅肉、牛肉、鹌鹑肉、牛肚、鸡肉、鸽肉、鲫鱼、蜂乳、乌龟、甲鱼、蜂蜜、牛乳、豆腐浆等都是夏季适宜食品。

6. 粗粮细粮搭配好

夏季由于肠胃功能减弱，要注意饮食搭配，强化脾胃功能。粗粮、细粮；干饭、稀饭；荤菜、素菜都要合适搭配，一周之内吃三顿粗粮为宜。

7. 多吃利水渗湿的食物

夏季高温酷热，湿气重，温度高，人们为了消暑解渴，又愿意多喝冷饮多喝水，容易造成外湿入侵，积水成患。所以，要常吃利水渗湿的食物以便增强脾胃功能。

8. 多吃味酸的食物

甘酸、甘苦味道的食品，能生津开胃，适合夏季食用。

在夏季，由于出汗过多而导致津液大量丢失，而有些酸味食品能生津解渴，消食健脾和敛汗止泻去湿，比如番茄、柠檬、草莓、乌梅、葡萄、山楂、菠萝、杧果、猕猴桃等。

高温天气人体能量消耗增多，蛋白质代谢加快，要多吃瘦肉、鱼类、禽蛋、鸡肉、奶、豆制品等，以补充人体蛋白质，满足新陈代谢的需求。

同时，盛夏季节要注意按时进餐，不能因为食欲不佳而打破进餐时间。

9. 夏吃生姜治百病

生姜自古就有"治百病"的盛誉，民间俗语也说"冬吃萝卜夏吃姜，不用医生开药方"，同样表明了生姜的药用价值。

生姜富含水芹烯、姜醇、姜烯、柠檬醛和芳香等；还有树脂、姜辣素、淀粉和纤维等。正因如此，生姜在盛夏时节可提神、兴奋和降温排汗，具有消解疲劳乏力、改善厌食失眠、消除腹胀腹痛的作用。

健胃开胃是生姜的重要功能。多吃生姜，能健益脾胃，增加食欲。生姜煎汁饮用，能消除缓解胃痛，对于胃炎及胃十二指肠溃疡所发生的反酸、疼痛、饥饿感、呕吐等症状都有消除作用。

在夏季细菌病毒繁殖迅速、活跃，多吃生姜能杀菌消毒。适量进食生姜或用干姜沸水泡茶，对于因进食污染食物而引起的急性肠胃炎，有很好的预防治疗作用。

夏天人们贪凉避暑，很容易诱发伤风感冒。姜汤水能有效驱逐体内风寒。进食生姜水，对于暑热引起的头晕、心悸、胸口烦闷的症状，都有辅助疗效。

生姜煎汁、切丝切片煮粥、烹调放入姜丝姜沫、炖汤时放入姜片、菜中馅中放姜沫等，都是适宜的吃法，能增食欲、提精神、助消化和消暑热。对于生姜的吃法，要掌握其优点和禁忌，才能更好地运用，健体强身。

一是生姜不要去皮。削去外皮的生姜不能发挥姜的整体功效。

二是阴虚火旺、目赤内热、糖尿病、痈肿疮疖、肺脓肿、肺炎、胃溃疡、肺结核、胆囊炎、肾盂肾炎、痔疮者，都不宜长期食用生姜。

三是生姜红糖水，对于风寒感冒或者受潮受凉、淋浴导致的胃寒发热患者有效用，但是对于风热暑热感冒症状却不适宜。姜汁对于受寒引起的呕吐有治疗作用，但是不适用其他类型的呕吐症状。

四是腐烂变质的生姜不宜食用。吃生姜也要讲究度，适合自身体质。生姜属于辛温食品，身体燥热或者有热症体质者不宜多吃。

二、夏季进补四禁忌

夏季出汗多，体能消耗大，容易困倦。一般人到了夏季，体质都会有所下降，常言道"无病三分虚"，正是这个道理。营养欠佳、体质虚弱、疲劳过度的人，对暑热抵抗能力差，无法适应高温天气，往往容易得暑病。这类人群可以适量选用麦冬、石斛和西洋参等具有益气生津作用的药物适当进补，以期改善体质、调补止气。

夏季进补要坚持科学合理的方法适当进补才能收到良好效果，否则非但不能起到食疗食补的作用，还会影响健康。

（1）进补之前要将体内暑热祛除干净。如果暑热未清就进行补养，不仅导致暑热难以消退，而且还会诱发正在逐步消退的暑热死灰复燃。

（2）有湿热症状的患者不要进补。湿热属于温病的一种类型，具体表现为发热头痛、胸闷腹胀、小便赤黄、舌苔腻黄、身体酸痛困乏等。有湿热症状的患者不是真虚，不需要进补。如果进补反倒适得其反，反倒有"闭门留寇"的不良后果，将病症封闭在体内无法散解。

（3）要清补不要腻补。腻补容易助湿增热，有害无益。所以熟地、十全大补膏等具有甘温助热作用的补药，应当忌用。

（4）身体强壮没有疾病者不需要进补，更忌长期进补。

总之，夏季进补要根据自身体质实际情况，在专家的指导下进行，补药蛮补乱补，适得其反。

三、饮食宝典　打造盛夏胃动力

炎炎夏日容易精神疲倦胃口不好，消化功能降低，胃肠不适。究其原因，夏天出汗过多，体液代谢失去平衡。人体大量排汗，导致氯化物流失过多，降低了胃液酸度。夏季口渴大量饮水，也会稀释胃酸。这些都直接或者间接影响到了肠胃的消化功能，致使食欲下降，没有胃口。

同时，高温天气使得体内血液大多集中于体表，消化系统因此缺血，胃液分泌和唾液分泌减少，使得消化功能紊乱和食欲不振。

科学安排饮食，能打造出超强的盛夏胃动力，让你有一个百吃不厌的好胃口。下面的饮食宝典，会给你盛夏委靡不振的胃口带来意外惊喜：

（1）常言道：饭前一碗汤，开胃又健康。吃饭前喝一碗清淡鲜美的煲汤，能增加食欲，促进肠道蠕动，有助于肠胃消化；

（2）多吃清淡爽口的食品，不宜多吃生冷食品和煎炸炙烤的食品；

（3）多补充富含维生素 B_1、维生素 B_2、维生素 B_3 和维生素 C 的食品。比如：小麦胚芽、黄豆、糙米等谷物；牛奶、乳酪等乳制品；椰菜、菠菜、青花鱼、旗鱼、鸡肉、牛奶等；苦瓜汁、芹菜汁、凤梨汁等各种果汁。

四、饮食与营养的八大原则

原则一：营养是无数食物成分综合表现的活性，整体效用要远远超过单个成分的作用之和

人体对于营养的需求实际上是细胞的需求。细胞对于营养的吸收是一个非常复杂的过程，其中的生化反应，谁也无法弄清楚。至于任何一个器官或组织细胞到底需要什么，需要多少，同样无法弄清楚。但是，细胞的本能智慧知道怎样从天然食物中摄取一部分，丢弃一部分，储存一部分。因此，营养对于健康产生的作用是整体性的。

原则二：维生素的补充剂并不是给人带来健康的灵丹妙药

不管是单一剂型还是复合剂型的维生素补充剂，对人体的作用都是十分有限的。谁也无法弄清身体（实际是细胞）需要维生素多少量。况且，维生素的摄入量过大，还有害身体。对于机体细胞而言，最好的维生素来源是从天然植物性食物中自然补充，并让细胞自行选择吸收。所以，绿色饮食才是健康的真正保证。

原则三：动物性食物的营养素并不比植物性食物的营养素好

植物性食物中不仅含有动物性食物所含的营养，而且含有动物性食物所没有的营养，如纤维素、维生素、矿物质和抗氧化物质等。动物性食物虽然含有脂肪、蛋白质等营养，但同时带给人体很多垃圾，如胆固醇等。

原则四：基因自身并不能注定你会患上某种疾病，必须激活才能产生作用。营养扮演着关键角色，它决定基因（无论是好基因还是坏基因）是否能够表达

虽然每一种疾病都有基因背景，但基因并不是在所有时间内都会完全表达。就像一粒种子并不能自发地长成植物，必须被种在肥沃的土壤之中，而且有充足的水分和光照，基因是否被激活也是同一个道理。比如癌症基因，是否表现，在于食物中的营养是否均衡。如果营养不均衡，造成体液酸化，癌症和其他一些疾病就会表现出来。

原则五：营养可以有效地控制有毒化学物质的不良影响

如今，空气和水质污染、室内装修、蔬菜水果上的农药残留、过多药品的滥用等，都不同程度地在我们的体内累积了化学之毒，这些毒素基本上都是酸性的，而均衡的营养则有利于清除这些毒素。最为著名的就是日本医学博士狄原义秀坚持饮用大麦嫩苗汁液，克服了长期的汞中毒。以越冬大麦嫩苗为原料且百倍浓缩的"麦记片"是碱性食品，对体内酸性的化学毒素有超强的中和能力，并能使之排出体外。

原则六：能够预防早期阶段疾病的营养（疾病确诊之前），也能阻遏甚至逆转晚期阶段疾病（疾病确诊以后）

许多慢性疾病需要很长时间才能发病，如乳腺癌，可能在青春期就已启动，但要到更年期才被确诊。实际上，许多疾病都是由于长期的营养失衡引起的。均衡营养可以预防疾病，也能逆转疾病。其原因就是均衡营养能平衡体内酸碱，给细胞创造一个舒适的生存环境，机体自然不会生病。纵是有了疾病，通过补充均衡营养，中和体液酸性，使细胞恢复本来的活力，疾病也就自然消失。

原则七：对某种慢性疾病有益的营养，对全身健康同样有益

全身每一个细胞都会根据自己的需要吸收某种或某几种营养，因此，补充均衡营养，既可以满足生病细胞的需要，也可以满足其他细胞的需要。生活中，有的人均衡摄取食物，不仅多年的慢性气管炎好了，同时，前列腺、哮喘、胃疼、关节炎等多种疾病也相继康复。这就是均衡营养全面修复机体细胞的良好结果。老年人一般都是几种病同时在身，最好是补充均衡营养，使每一个细胞各取所需，以恢复全身的健康。

原则八：良好的营养造就全方位的健康

健康不仅仅是没有病，除了拥有强健的体魄，健康还包括精神状况以及对环境的适应和影响能力。良好的营养可以预防和逆转疾病，也能对我们的精力、体力、情绪产生积极的影响，甚至对构建和谐家庭、和谐社会都能产生积极作用，使个体得到全方位的健康。

第四节 食材及烹饪常识

一、各种食材一览

肉禽类

肉类：猪肉、里脊、排骨、猪蹄、猪肚、五花肉、猪排、腊肉、牛肉、牛腩、牛排、羊肉、羊排、火腿、香肠、血。

禽蛋类：鸡肉、鸡翅、鸡腿、鸡爪、乌鸡、鸭肉、鸭肝、鸡蛋、鸭蛋、鹌鹑蛋、皮蛋、燕窝。

水产品

鱼类：草鱼、鲤鱼、鲫鱼、带鱼、黄鱼、鲈鱼、鳕鱼、墨鱼、鲅鱼、金枪鱼、鲢鱼、青鱼、鳜鱼、鲳鱼、鲶鱼、鳗鱼、三文鱼。

其他：虾、虾肉、虾米、龙虾、螃蟹、蟹肉、蛤蜊、牡蛎、鲍鱼、鱿鱼、章鱼、海蜇、海参、海带、紫菜。

蔬菜类

茎叶类：白菜、油菜、芹菜、菠菜、蒜苗、圆白菜、小白菜、韭菜、生菜、茼蒿、香菜、豆苗、芦笋、苋菜、芥菜、绿豆芽、黄豆芽。

根茎类：土豆、红薯、芋头、洋葱、胡萝卜、白萝卜、竹笋、莴笋、魔芋、山药、茭白、藕、雪里蕻、牛蒡、榨菜、荸荠、人参。

果实类：豆角、茄子、青椒、菜花、西兰花、西红柿、豌豆、荷兰豆、豇豆、扁豆、黄花菜。

瓜菜类：黄瓜、冬瓜、苦瓜、南瓜、丝瓜、佛手、西葫芦。

菌类：蘑菇、草菇、香菇、平菇、金针菇、口蘑、黑木耳、银耳、猴头菇、竹荪。

野味：荠菜、百合、香椿、蕨菜、芽菜、橄榄菜、冬菜、菊花、玫瑰花、桂花。

果品类

鲜果类：苹果、香蕉、柠檬、菠萝、草莓、山楂、梨、杏、李子、猕猴桃、柚子、杧果、柿子、荔枝、石榴、葡萄、樱桃、西瓜、木瓜、圣女果、枣、火龙果、椰子、无花果。

干果类：花生、腰果、白果、栗子、松子、核桃、芝麻、杏仁、莲子、枸杞、桂圆、麦芽。

米面豆乳类

米类：大米、糯米、黑米、小米、小麦、玉米、西米、薏米、燕麦、高粱、芡实。

面类：白面、荞麦面、玉米面、面条、意面、面包、吐司、起司、年糕。

豆类：豆腐、豆腐干、豆皮、黄豆、毛豆、青豆、绿豆、红豆、小豆、黑豆、蚕豆。

乳类：牛奶、酸奶、奶酪、巧克力。

二、烹饪常用调料介绍

油

油是使用最普遍的调味品，同时又是加热原料的介质，兼具调味和传热的作用。油的燃点很高，猪油、花生油可达340℃；菜子油可达355℃。在烹调过程中，油温经常保持在120～220℃之间，可使原料在短时间内烹熟，从而减少营养成分的损失。常用的食油有如下几种：

猪油：猪油在烹调中应用量广，炸、炒、熘等都可使用。猪油所含色素少，烹制的菜肴色泽洁白。特别是炸裹蛋泡糊的原料非用猪油不可。但猪油炸的食品，凉后表面的油凝结成脂而泛白色，且容易回软去脆性。这是因为猪油是不干油脂，所含的不饱和脂肪酸低。为了避免出现上述现象，可事先用热水烫一下盘子再装。

花生油：花生油呈鹅黄色，也是不干性油脂，其炸制品也容易回软。粗制的花生油，还有一股花生的生腥味，精炼或经过熬炼的花生油则没有这种气味。如需除去粗制花生油的生腥味，可将油加热，熬至冒青烟时离火，将少量葱或花椒投入锅内，待油凉后，滤去白沫即可。

芝麻油：此油色泽金黄，香气浓郁，用来调拌凉菜，香气四溢，能显著提高菜肴的风味。在一般汤菜中淋上几滴芝麻油，也有增香提鲜的效果。芝麻油以小磨麻油为最好，香味浓郁。芝麻油中含有一种叫"芝麻素"的物质（一种酯基化合物），它是有力的抗氧剂，故而芝麻油性质稳定，不易氧化变质。

豆油：豆油属半干性油脂，含磷脂多，不宜做炸油用。磷脂受热，分解而生成黑色物质，使油和制品表面颜色变深。但豆油由于含磷脂多，用来同鱼或肉骨头熬汤，可熬成浓厚如奶的白汤。豆油色泽较深，有些用青豆或嫩黄豆生产的豆油，因含有叶绿素而呈青绿色，炒出来的菜色泽不佳。豆油大豆味较浓，虽可用加热后投入葱花或花椒的方法除去，但油的颜色却因此变深甚至变黑了。

菜子油：菜子油是一种半干性油脂，色金黄。因含有芥酸而有"辣嗓子"的气味，但炸过一次食品可除去。

玉米油：是从玉米胚中提取的油，是一种高品质的食用植物油，含有丰富的维生素 E。

辣椒油：用以增加辣味，可以自制也可以购买成品。

花椒油：用以增加麻味，可以自制也可以购买成品。

盐

食盐在调味上处于重要的地位，有"盐为百味之主"的说法。而且盐也是血液循环系统和内分泌系统不可缺少的物质，有保持人体正常体内酸碱平衡的作用。日常饮食中如果缺乏盐分，将引起一系列生理机能的不良变化。因此，每人每天必须摄入一定数量的盐。盐又有脱水防腐作用，水产品、肉类、蛋类、蔬菜类等经过盐腌，便于保藏，而且有特殊的风味。

盐可使蛋白质凝固，因此烧煮含蛋白质丰富的原料（如鱼汤），不可以先放盐。先放盐，则蛋白质凝固，不能吸水膨松，那就烧不烂了。

酱油

酱油是一种成分复杂的呈咸味的调味品。在调味品中，酱油的应用仅次于食盐，其作用是提味调色。酱油在加热时，最显著的变化是糖分减少，酸度增加，颜色加深。常用的酱油有两种。

天然发酵酱油：天然发酵酱油即酿造酱油，系以大豆、小麦（或代用品）和食盐等为原料，加曲发酵制成。这种酱油味厚而鲜美，质量极佳。

人工发酵酱油：这种酱油是以豆饼为原料，通过人工培养曲种，加温发酵制成的，质量不如天然发酵酱油。但因其价格较为低廉，目前使用最为普遍。

生抽：即淡酱油，色泽较淡，呈红褐色，味道较咸。一般炒菜或者拌凉菜的时候用得多。

老抽：即浓酱油，色泽较深，呈棕褐色并带有光泽，味道较为浓郁鲜甜。一般用来给食品着色用。

酒类

料酒：专门用于烹饪调味的酒，用以去腥提香，通常是用黄酒加香料制成。

白酒：用以去腥提香，可以在腌制肉类或制作卤肉时使用，制作泡菜时加入一些白酒可以杀菌添香。

另外，烹饪时有时会使用到红酒、啤酒等。

醋

供食用的醋一般含醋酸 3% ～ 6%，国内以山西及镇江产品最好。古医书记载："醋，味酸苦、性温、无毒、开胃气，杀一切鱼肉菜毒。"醋在调味中用途很广，除能增加鲜味、解腻去腥外，还能使维生素少受或不受破坏，促使食物中的钙质分解，具有促进消化的作用。

米醋：用米制造的，含少量醋酸，一般做酸味菜肴时加入，调色、调味。

陈醋：山西特产，酿成后存放较久的醋，醋味醇厚。

白醋：由大麦、醋酸制而成。无色，可制作需要保持色泽的菜肴，还可用于消毒杀菌。

糖

糖是一种高精纯碳水化合物，含有甜味，在调味品中亦居重要地位。糖除能调和滋味、增进菜肴色泽的美观外，还可以供给人体以丰富的热量。

南方做菜大都用糖。菜中加糖，能增加菜的风味；腌肉中加糖，能促进胶元蛋白膨润，使肉组织柔软多汁。用来调味的糖，主要是白糖。但在制作烤鸭时常用饴糖。饴糖中含有葡萄糖、麦芽糖与糊精，具有吸湿作用。麦芽糖受热即分解为糖，颜色深红光润，可使烤鸭皮发脆。

白糖：是由甘蔗或者甜菜榨出的糖蜜制成的精糖。以甘蔗为原料的叫白砂糖，以甜菜为原料的叫绵白糖。

红糖：原料为甘蔗，是用甘蔗汁小火熬制蒸发浓缩而成。风味独特，多用来制作甜品。

冰糖：冰糖以白砂糖为原料，经过再溶，清净，重结晶而制成。冰糖从品种上又分为白冰糖和黄冰糖两种。在制作红烧类菜肴时使用冰糖会使菜品颜色更加红亮，此外使用冰糖冲泡茶水或制作甜品，有补中益气、和胃润肺、止咳化痰的作用。

味精

味精是增加菜肴鲜味的主要调味品。使用最为普遍。其化学名称叫谷氨酸钠（又叫麸酸钠），系以蛋白质或淀粉含量丰富的大豆、小麦等原料制成。味精有的是结晶状，有的是粉末状，其中除含有谷氨酸钠外，还有少量的氯化钠（食盐）。根据谷氨酸钠含量的多少，有 99%、95%、80%、70%、60% 等规格。

味精鲜度极高，但使用时效果的大小，取决于它在溶液中的离解度，而它的离解度又同溶液的酸碱和温度有关。在弱酸性和中性溶液中，味精离解度最大。就溶液的温度说，则以在 70 ~ 90 度时使用效果最好，菜肴起锅时的温度大致上就是这个温度。味精在常温条件下很难溶解，因此做凉菜时必须先用少许热水把味精化开，晾凉后浇入凉菜。

味精中的谷氨酸钠遇碱变为谷氨酸二钠，不但失去鲜味，而且会形成不良气味，因此味精不宜放在碱性溶液中。谷氨酸钠受高热会变成焦谷氨酸钠，这种物质不但没有鲜味，而且还有轻度毒性。烹制菜肴时，放多了味精会产生一种似涩非涩的怪味。

葱姜蒜

葱、姜、蒜都是含辛辣芳香物质的调味品，不但可去腥起香，并有开胃、促进消化的作用。

葱、蒜的香味只有在酶的作用下才能表现出来。因为酶受高温即被破坏，故急速加热，则香味不大。

酱类

甜面酱：是以面粉、水、食盐为原料制成的一种酱。除了可以直接蘸食之外，还可以当调味料使，如京酱肉丝、酱爆鸡丁等。在做炸酱面时，和黄酱一起使用，味道更好。

豆瓣酱：以蚕豆为主要原料配制而成，以咸鲜味为主，郫县豆瓣酱是制作川菜的重要原料之一。

豆豉：是用黄豆或黑豆泡透蒸（煮）熟，发酵制成的食品，有特殊风味，用以制作豉汁排骨、豆豉炒苦瓜等。广东阳江豆豉、四川永川豆豉等为知名产品。豆豉香辣酱是在豆瓣酱中添加了豆豉等。

番茄酱：是鲜番茄的酱状浓缩制品，用以烹制菜肴，没加调味剂，一般不直接入口。

番茄沙司：是番茄酱加糖、食盐在色拉油里炒熟，番茄沙司有各种口味的。

芝麻酱：简称麻酱，是一种把芝麻磨成粉末并调制的酱料。可以直接食用或者作为凉拌调料，是北京涮羊肉调料的重要成分。

沙拉酱：市场有千岛汁、蛋黄酱、油醋汁等口味，可根据口味购买，可以拌食沙拉、制作三明治等。

胡椒

胡椒味辛辣而芳香，可以去腥、起香、提鲜，并有除寒气、消积食的作用。

干辣椒

用以增加辣味和香味，用于炒菜或炖肉等，是制作川菜时的重要调料。

花椒

用以增加麻味和香味，用于炒菜或炖肉等，是制作川菜时的重要调料。

八角（大料）

用以去腥添香，用于炒菜或炖肉等。

胡椒

用以去腥添香，分为黑胡椒和白胡椒。秋末至次春果实呈暗绿色时采收，晒干，为黑胡椒；果实变红时采收，用水浸渍数日，擦去果肉，晒干，为白胡椒。有粉状和原粒两种出售，原粒胡椒使用胡椒研磨器磨碎后使用香味比粉状浓郁。用于炒菜或炖肉、烤肉等。

香叶

为干燥后的月桂树叶，用以去腥添香，用于炖肉等。

桂皮

为干燥后的月桂树皮，用以去腥添香，用于炖肉等。

小茴香

用以去腥添香，用于炖肉等。

孜然

孜然又名安息茴香，去除腥膻异味的作用很强，还能解除肉类的油腻，常用在烧烤牛羊肉中。孜然也是配制咖喱粉的主要原料之一。

腌制类

豆腐乳：又称腐乳，是用大豆、黄酒、高粱酒、红曲等原料混合制成的。各地豆腐乳的味道不同，用以佐餐、烹饪。

剁辣椒：湖南特产，由新鲜辣椒腌制而成。是制作"剁椒鱼头"等的重要材料。

泡椒：四川特产，由新鲜辣椒腌制而成。是制作"鱼香肉丝"、"泡椒牛蛙"等菜的重要材料。

三、技法

炒：炒是最基本的烹饪技法。其原料一般是片、丝、丁、条、块。炒时要用旺火，要热锅热油，所用底油多少随料而定。依照材料、火候、油温高低的不同，可分为生炒、滑炒、熟炒及干炒等方法。

爆：爆就是急、速、烈的意思，加热时间极短，烹制出的菜肴脆嫩鲜爽。爆法主要用于烹制脆性、韧性原料，如肚子、鸡胗、鸭胗、鸡鸭肉、瘦猪肉、牛羊肉等。常用的爆法主要为：油爆、芫爆、葱爆、酱爆等。

熘：熘是用旺火急速烹调的一种方法。熘法一般是先将原料经过油炸或开水汆熟后，另起油锅调制卤汁（卤汁也有不经过油制而以汤汁调制而成的），然后将处理好的原料放入调好的卤汁中搅拌或将卤汁浇淋于处理好的原料表面。

炸：炸是一种旺火、多油、无汁的烹调方法。炸有很多种，如清炸、干炸、软炸、酥炸、面包渣炸、纸包炸、脆炸、油浸、油淋等。

烹：烹分为两种：以鸡、鸭、鱼、虾、肉类为料的烹，一般是把挂糊的或不挂糊的片、丝、块、段用旺火油先炸一遍，锅中留少许底油置于旺火上，将炸好的主料放入，然后加入单一的调味品（不用淀粉），或加入多种调味品兑成的芡汁（用淀粉），快速翻炒即成；以蔬菜为主料的烹，可把主料直接用来烹炒，也可把主料用开水烫后再烹炒。

煎：煎是先把锅烧热，用少量的油刷一下锅底，然后把加工成型（一般为扁型）的原料放入锅中，用少量的油煎制成熟的一种烹饪方法。一般是先煎一面，再煎另一面，煎时要不停地晃动锅子，使原料受热均匀，色泽一致。

贴：贴是把几种粘合在一起的原料挂糊之后，下锅只贴一面，使其一面黄脆，而另一面鲜嫩的烹饪方法。它与煎的区别在于：贴只煎主料的一面，而煎是两面。

烧：烧是先将主料进行一次或两次以上的热处理之后，加入汤（或水）和调料，先用大火烧开，再改用小火慢烧至或酥烂（肉类、海味），或软嫩（鱼类、豆腐），或鲜嫩（蔬菜）的一种烹调方法。由于烧菜的口味、色泽和汤汁多寡的不同，它又分为红烧、白烧、干烧、酱烧、葱烧、辣烧等许多种。

焖：焖是将锅置于微火上加锅盖把菜焖熟的一种烹饪方法。操作过程与烧很相似，但小火加热的时间更长，火力也更小，一般在半小时以上。

炖：炖和烧相似，所不同的是炖制菜的汤汁比烧菜的多。炖先用葱、姜炝锅，再冲入汤或水,烧开后下主料,先大火烧开,再小火慢炖。炖菜的主料要求软烂,一般是咸鲜味。

蒸: 蒸是以水蒸气为导热体,将经过调味的原料用旺火或中火加热,使成菜熟嫩或酥烂的一种烹调方法。常见的蒸法有干蒸、清蒸、粉蒸等几种。

汆: 汆既是对有些烹饪原料进行出水处理的方法,也是一种制作菜肴的烹调方法。汆菜的主料多是细小的片、丝、花刀型或丸子,而且成品汤多。汆属旺火速成的烹调方法。

煮: 煮和汆相似,但煮比汆的时间长。煮是把主料放于多量的汤汁或清水中,先用大火烧开,再用中火或小火慢慢煮熟的一种烹调方法。

烩: 烩是将汤和菜混合起来的一种烹调方法。用葱、姜炝锅或直接以汤烩制,调好味再用水淀粉勾芡。烩菜的汤与主料相等或略多于主料。

炝: 炝是把切配好的生料,经过水烫或油滑,加上盐、味精、花椒油拌和的一种冷菜烹调方法。

腌: 腌是冷菜的一种烹饪方法,是把原料在调味卤汁中浸渍,或用调味品加以涂抹,使原料中部分水分排出,调料渗入其中,腌的方法很多,常用的有盐腌、糟腌、醉腌。

拌: 拌也是一种烹饪方法,操作时把生料或熟料切成丝、条、片、块等,再加上调味料拌和即成。

烤: 烤是把食物原料放在烤炉中利用辐射热使之成熟的一种烹饪方法。烤制的菜肴,由于原料是在干燥的热空气烘烤下成熟的,表面水分蒸发,凝成一层脆皮,原料内部水分不能继续蒸发,因此成菜形状整齐,色泽光滑,外脆里嫩,别有风味。

卤: 卤是把原料洗净后,放入调制好的卤汁中烧煮成熟,让卤汁渗入其中,晾凉后食用的一种冷菜烹调方法。

冻: 冻是一种利用动物原料的胶原蛋白经过蒸煮之后充分溶解,冷却后能结成冻的一种冷菜烹调方法。

拔丝: 拔丝是将糖(冰糖或白糖)加油或水熬到一定的火候,然后放入炸过的食物翻炒,吃时能拔出糖丝的一种烹调方法。

蜜汁: 蜜汁是一种把糖和蜂蜜加适量的水熬制而成的浓汁,浇在蒸熟或煮熟的主料上的一种烹调方法。

熏: 熏是将已经处理熟的主料,用烟加以熏制的一种烹调方法。

卷：卷是以菜叶、蛋皮、面皮、花瓣等作为卷皮，卷入各种馅料后，裹成圆筒或椭圆形后，再蒸或炸的一种烹调方法。

四、烹饪常用技巧

1. 烹调鸡鸭有妙法

炖鸡：鸡块倒入热油锅内翻炒，待水分炒干时，倒入适量香醋，再迅速翻炒，至鸡块发出噼噼啪啪的爆响声时，立即加热水（没过鸡块），再用旺火烧10分钟，即可放调料，移小火再炖20分钟，淋上香油即可出锅；应在汤炖好后，温度降至80～90度时或食用前加盐。因为鸡肉中含水分较高，炖鸡先加盐，鸡肉在盐水中浸泡，组织细胞内水分向外渗透，蛋白质产生凝固作用，使鸡肉明显收缩变紧，影响营养向汤内溶解，且煮熟后的鸡肉趋向硬、老，口感粗糙。

炖老鸡：在锅内加30颗黄豆同炖，熟得快且味道鲜；或在杀老鸡之前，先灌给鸡一汤匙食醋，然后再杀，用文火煮炖，就会煮得烂熟；或放3～4枚山楂，鸡肉易烂。

老鸡鸭：用猛火煮，肉硬不好吃；如果先用凉水和少许食醋泡上2小时，再用微火炖，肉就会变得香嫩可口。

煮老鸭：在锅里放几个田螺容易烂熟。

烧鸭子：把鸭子尾端两侧的臊豆去掉，味道更美。

2. 炒菜时将肉变嫩的方法

鸡蛋清法：在肉片中加入适量鸡蛋清搅匀后静置30分钟再炒，可使肉质鲜嫩润滑。

食油法：炒牛肉丝时，先在切好的肉丝中加入作料，再加入适量食用油拌匀，静置30分钟后下锅，可使肉质细嫩。

芥末法：煮牛肉时，可在头天晚上将芥末均匀地涂在牛肉上，煮前用清水洗净，这样牛肉易煮烂，且肉质鲜嫩。

苏打法：将切好的牛肉片放入小苏打溶液中浸泡一下再炒，可使肉质软。

啤酒法：将肉片用啤酒加干淀粉调糊挂浆，炒出的肉片鲜嫩爽口。

盐水法：用高浓度盐水使冻肉解冻，成菜后肉质爽嫩。

3. 煲汤必知的技巧

（1）选料要鲜，用料要广：煲汤的原料一定要新鲜，绝大多数食物如鱼、肉、蔬菜、水果等都能作为汤的原料和配料。

（2）制作要精细、冷水下锅。

（3）原料与水比例选择：以 1∶1.5 时最佳，但钙、铁含量高的原料与水 1∶1 的比例时为最佳（此法为北方做法，南方人可根据实际自行加减，但要掌握的分寸是，含钙、铁高的原料用水比例较少）。

（4）煲汤时间得当：煲汤时间以 1～1.5 小时为宜，时间过久会导致营养的损失。

（5）要掌握好火候。

4. 微波炉烹饪技巧

微波烹饪与常规烹饪有许多共同点，但也有一些在常规烹饪中不常用的技巧，这些技巧的主要目的是为了使食物能得到均匀的加热，如覆盖、穿刺、搁置、搅拌、翻转和重摆等。了解和掌握这些技巧，就能使你的微波炉烹饪出受热均匀的菜肴。

覆盖：在烹饪食物时，要加盖子，这与常规烹饪相似，但是在微波烹饪时覆盖的目的、要求和方法有它的特殊之处。微波加热是体积加热，食物的内部和表面是同时加热的，食物内部的水分受热会很快膨胀和汽化，向食物表面扩散和蒸发，加热时间长了，食物就会脱水、干燥、变硬。虽然食物的内部和表面是同时被加热的，但是由于食物的表面总要与容器和空气接触，所以食物的表面温度，特别是与空气接触部分的温度总要比食物内部的低。为此，微波烹饪时，常要覆盖，覆盖可以用容器本身的盖子，也可以使用塑料保鲜薄膜或纸巾等。这样不仅可以控制水分的损失，同时可以将热量保留在容器内，并挡住食物过热时发出的喷溅。不过覆盖不能太严密，应该留有缝隙，防止容器内气压过高而发生爆破。

穿刺：穿刺是微波烹饪中的一个很重要的技巧。在进行微波烹饪以前，必须将那些带壳、有膜或表面被密封的食物先用针或牙签穿刺，使食物被迅速加热后的蒸汽能通过这些小孔溢出。特别是带壳的生蛋，绝对不能直接用微波炉来加热，因为用微波炉来加热生蛋是非常危险的，这相当于使用高压锅时，把它的安全阀和出气孔堵死一样，会发生严重的爆破事故，像蛋黄、香肠、土豆等有皮和有膜封闭的食物，必须穿刺后才能进行微波烹饪。

搁置：食物在微波炉中加热后搁置一定时间，使食物依靠自身内部的热量传递，完成自身烹饪，使食物内外的温度趋于一致。当所用的微波功率不是最大时，加热的时间要适当延长，这实际上也是一种"搁置"，即不停机的"搁置"。特别是很厚的或者含盐较多的食物，微波不能穿透到食物中心，这样中心的加热效果较差，所以就需要采用"搁置"技术，让食物依靠自身的热量传递到食物中心，使中心的温度达到烹饪的要求。"搁置"实际上是离开微波炉来延长烹饪时间，例如，对于煮米饭"搁置"是非常必要的。

搅拌、翻转和重摆：由于种种原因，食物在微波炉中受热不是很均匀，特别是烹饪汤类和糊状食物时，过程中需要停机开门，用筷子或汤匙将食物搅拌一两次，不过微波烹饪不会像常规烹饪那样会使食物烧焦粘底，所以也不必一面烧一面不断地搅拌。对于整条鱼和猪排等大块食物，可以采用翻转技巧。在微波烹饪一半时间后将大块食物翻转一次。对于鱼块、鸡腿、肉等食物可以采用重摆技巧，在微波烹饪一段时间后，打开炉门，将容器中的食物重新安排，特别是重叠放置的食物，需要进行上、下互换，中心与边缘互换。

5. 快速泡腐竹的方法

腐竹营养丰富，不管是凉拌还是炒菜，口感都非常不错。但腐竹怎么泡？相信是第一次做菜的朋友们面临的问题。如果泡不好，腐竹不是泡不软就是泡烂了，今天就教大家如何把腐竹泡得又快又好。

想要用腐竹做菜的话，至少应该提前两个小时用温水浸泡腐竹。由于腐竹很难泡开，如果泡的时间不够，就会在食用的时候很多地方还会很硬。而且用热水强行短时间内泡开，也会造成腐竹的各个部分软硬不均匀。所以，腐竹的泡发一定要用温水长时间的浸泡，这样泡出来才能软硬一致，口感也才会好。腐竹在浸泡的时候，可能会漂浮在水的上面，这时要用一个盘子，反扣住漂浮的腐竹，然后让盘子压着腐竹沉入水中，也可以加一点盐，这样浸泡的效果更佳。

6. 巧除鱼胆苦味

宰鱼时如果碰破了苦胆，鱼肉会发苦，影响食用。

鱼胆不但有苦味，而且有毒，经高温蒸煮也不会消除苦味和毒性。

但是，用酒、小苏打或发酵粉可以使胆汁溶解。

因此，在沾了胆汁的鱼肉上涂些酒、小苏打或发酵粉，再用冷水冲洗，苦味便可消除。

7. 几种切割食品的窍门

猪肉：猪肉的肉质比较细，筋膜少，如横切，炒熟后会变得凌乱散碎；如斜切，既可使其不碎，吃起来也不会塞牙。

牛肉：牛肉要横切，因为牛肉的筋腱较多，并且顺着肉纤维纹路夹杂其间，如不仔细观察，随手顺着切，许多筋腱便会整条地保留在肉丝内，这样炒出来的牛肉丝，就很难嚼得动。

羊肉：羊肉中有很多膜，切丝之前应先将其剔除，否则炒熟后肉发硬，吃起来难以下咽。

鸡肉：鸡肉要顺切，因为相比之下，鸡肉显得细嫩，其中含筋少，只有顺着纤维切，炒时才能使肉不散碎，整齐美观，入口有味。

鱼肉：鱼肉要快刀切，因为鱼肉质细、纤维短、极易破碎。切时应将鱼皮朝下，刀口斜入，最好顺着鱼刺，切起来要干净利落，这样炒熟后形状完整。

熟蛋：要把煮熟的鸡、鸭咸蛋切开，而且不碎，可将刀在开水中烫热后再切，这样切出来的蛋片光滑平整，而且不会粘在刀上。

蛋糕：切生日蛋糕或奶油蛋糕要用钝刀，而且在切之前要把刀放在温水中蘸一下，也可以用黄油擦一下刀口，这样切蛋糕就不会粘在刀上。

大面包：要想切好大面包，可以先将刀烧热再切，这样既不会使面包被压而粘在一起，也不会切得松散掉渣，不论薄厚都能切得很好。

黏食品：切黏性食品，往往粘在刀上不太好切，而且切出的食品很难看。可以用刀先切几片萝卜，然后再切黏性食品，就能很顺利地切好。

番茄：切番茄时，要看清表面的"纹路"，把番茄的蒂轻轻放正，依照纹路切下去，能使切口的种子不与果肉分离，果浆不流失。

8. 动物性烹调原料除腥窍门

鸡肉：把整只鸡或鸡块放入用啤酒、精盐、白胡椒粉调制的汁中浸泡 1 小时后再烹调，可除去鸡腥味。投料标准：啤酒以浸过鸡肉为度，精盐占啤酒的 1%，胡椒粉以每千克鸡肉 1 克为宜。

鸡内脏：鸡内脏包括鸡的心、肝、胗、腰、肠等。把鸡内脏洗净，放盆中，撒上适量精盐拌匀腌制 20 分钟，再用清水反复洗净盐分，便可除掉腥味。

肥鸭肉：将肥鸭肉中的脂肪取出，炼成鸭油，把鸭剁成大块，放入鸭油中炒炸至半熟，再将鸭肉捞入开水锅中焯透，可除掉腥味。

兔肉：把兔肉洗净，剁成块，放盆中，加入 5% 的盐水，浸泡 4 小时，再焯水后烹调，兔腥味就没有了。

河鱼：将河鱼宰杀后放入盆中，加入冷水没过鱼，再加水量 10% 的食醋和适量胡椒粉及几片香叶泡 1 ～ 2 小时，可除去土腥味。

甲鱼：把甲鱼肉剁成块，洗净，晾干，再把甲鱼胆汁加少许水调匀，涂在甲鱼肉上，晾干，可除腥提鲜。

大虾：大虾洗净，放入滴有柠檬汁的开水中烫一下，再烹调可除去腥味。

虾仁： 把虾仁沙线剔净，洗净，撒入干淀粉拌匀，静置10分钟，再洗去淀粉，其腥味可除。

河蟹： 将活蟹放入容器中，加少许清水，打入 1~2 个蛋清，活养 24 小时，蟹便会吐尽污物，再制熟就没腥味了。

猪腰： 将猪腰去净腰臊，切成片或腰花，放盆中，加入白醋、胡椒粉拌腌一会儿，再投洗干净，腥臊味可除。

9. 做菜应如何放盐

如果做菜用的食油是豆油、菜子油等，为了减少蔬菜中的维生素及其他营养物质在烹调时的损失，一般应煸炒过蔬菜以后再放盐。

如果用花生油炒菜，由于花生容易产生黄曲霉素，在榨花生油时，虽经多种方法处理以除去这种毒素，但仍会有极微量的黄曲霉素残留。因此，用花生油炒菜时最好先放盐，后放菜，以使盐中的碘化物去解除黄曲霉素的毒性，有利于保障身体健康。

如果用猪油、鸡油等动物油炒菜，先放盐后放菜也有利于对猪油、鸡油中有机氯农药残留量的削减。

10. 做这些菜时不宜放味精

炒菜和煲汤时，适当放些味精，可以提高鲜味。但是，有的人不论煲什么汤、炒什么菜都要放味精，这就没必要了。下列一些菜肴就不宜放味精：用高汤煮制的菜。高汤本来就具有一种鲜味，而且味精的鲜味又与高汤的鲜味不同。如果用高汤烹制的菜加入味精，反而会把高汤的鲜味掩盖，使菜的味道不伦不类，还不如不放味精好吃。

酸、糖醋、醋熘和酸辣等味菜，烹制时不宜放味精。因为，味精在酸性溶液中不易溶解，而且酸性越强，溶解度越低，酸味菜放入味精，不会获得应有的效果。有鸡或海鲜炖的菜因鸡或海鲜有较强的鲜味，再加味精是浪费，并不能起到什么作用。

11. 蒸鱼的两个窍门

（1）蒸鱼时判断鱼是否蒸熟可看鱼眼，新鲜的鱼蒸熟后鱼的眼睛向外凸出。

（2）在鱼的表皮涂一层薄薄的淀粉，以防蒸鱼时破坏鱼的表皮。

12. 炖牛肉诀窍

炖牛肉时，应该使用热水，不可使用冷水，因为热水可以使牛肉表面蛋白质迅速凝固，防止肉中氨基酸流失，保持肉味鲜美。

旺火烧开后，揭开盖子炖 20 分钟以去除异味，然后加盖，改用微火，使汤面上浮油保持一定温度，以起到焖的作用。在烧煮过程中，盐要放得迟，水要一次加足，如果发现水太少，应加开水。

炖肉前一天，先用芥末在肉面上抹一下，炖肉前用冷水洗掉，这样不仅熟得快，而且肉质鲜嫩。将少量茶叶用纱布包好，放入锅中与牛肉同煮，肉不仅熟得快，而且味道清香。

加些酒或醋（按 1 公斤牛肉放 2～3 汤匙酒或 1～2 汤匙醋的比例）炖牛肉，可使肉更软嫩。在肉中放几个山楂或几片萝卜，可令牛肉熟得快，而且可以驱除异味。

13. 炒鸡蛋的窍门

把鸡蛋打入碗中后，顺一个方向搅打，同时加点绍酒搅匀，味道更佳；入锅炒制时，加一点温水搅几下，即使火大、时间长些，也不致炒老、炒干瘪。

油温要热，一次不要炒得太多，油要多，操作要快；摊鸡蛋时，最好炒好一面后翻匀炒另一面，拌炒易出现破损，外焦里不熟。

14. 烹饪中巧用柠檬汁

煮卷心菜： 煮红色卷心菜时，加一匙柠檬汁，可使菜色红艳。

除虾腥味： 少许柠檬汁可除虾腥味，且味道更佳。

除油中腥味： 要想除去食用油中的食品味，特别是除去炸过鱼的油中的腥味，可在油中加几滴柠檬汁。

除食物中异味： 柠檬汁是一种很好的调味料，把柠檬汁加入肉类，可以消除腥味，亦可使肉类早些入味，如在洋葱等强烈气味的蔬菜中，加入少许柠檬汁，可以减少异味。

使蛋清变稠： 在蛋清内放入几滴柠檬汁，可使其变稠。

作调味品： 患有肾脏病或高血压的人应少吃盐，此时，可用柠檬汁代替盐来调味，新鲜蔬菜或肉里面滴几滴柠檬汁，可使淡而无味的食物成为风味极佳的菜肴。

制作蛋糕： 制作蛋糕时，在蛋白中加入少许柠檬汁，不仅蛋白会显得特别洁白，而且蛋糕易切开。

使果酱增香： 使果酱增香的方法很多，最简单的是在煮果酱时加些柠檬皮。

15. 怎样做"鲜"鱼

烧鱼防肉碎： 切鱼块时应顺鱼刺下刀；烧前先将鱼裹上淀粉下锅炸一下，

炸鱼油温要高，烧鱼时汤不宜多，以刚没过鱼为度，火力不宜太大，汤烧开后改用小火煨，煨时要少翻动鱼身。

煎鱼防粘锅：净锅烧热，用生姜把锅擦一遍，在锅内淋少许油，加热后再向锅内加油，沥干水分的鱼挂匀蛋糊后投入热油锅内，蛋糊遇热迅速凝固，防止粘锅。

烧鱼不宜早放姜：放姜为除腥，过早放姜，鱼体浸出液中的蛋白质会阻碍生姜的去腥作用，可先煮一会儿，待蛋白质凝固后再放姜，还可在汤中加些牛奶或米醋或绍酒除腥。

入味有术：烧鱼前把鱼腌一下（净鱼控水，鱼身上均匀地涂上细盐）；煎的时间不要太长，以免蛋白质凝固不易入味。

蒸鱼用开水：蒸鱼时先将锅内水烧开再放鱼，因为鱼在突遇高温时，外部组织凝固，可锁住内部鲜汁，蒸前在鱼身上放一块鸡油或者猪油，可使鱼肉更加滑嫩。

烹调冻鱼有妙法：在汤中放一些鲜奶，可增加鱼的鲜味，也可将冻鱼放在少许盐水中解冻，冻鱼肉中的蛋白质遇盐会慢慢凝固，防止其进一步从细胞中溢出。

16. 怎样在烹饪中保护蔬菜维生素

要想多吸收蔬菜中的维生素，必须注意保护蔬菜中的维生素。做菜时要先洗后切，切过了不要泡在水里，因为许多维生素都能溶解在水中。有人喜欢把青菜放在热水里"烫一烫"再炒，这样维生素损失的太多。另外，菜不要煮得太烂，也不宜用油炸，特别是维生素C非常不稳定，长时间的熬煮和高温，会把它破坏掉。醋对维生素有保护作用，做菜时可略微加点醋。

对于有些带皮的蔬菜，如萝卜之类，外皮所含的维生素比里面多得多，吃时千万别把外皮去掉，以免不必要的营养损失。

17. "飞火"烹调不利健康

厨师在烹调时，常常是锅沿冒出火苗，这种现象被称为"飞火"。从营养学的角度讲，这种飞火烹调对人体健康是有害的。因为，由飞火烹制的菜肴常常有一些油脂燃烧后产生的焦味，这种燃烧后的残留物被人吃了以后，会对健康产生不利影响，还可能引起癌变等。飞火越严重，产生的残留物就越多，对人体健康的影响就越大。

因此，我们在日常烹调中正确的做法是，勿将油脂过度加热，一旦在烹饪中出现飞火现象，应立即将锅撤离火源，并盖上锅盖，使之与空气隔绝，熄灭飞火后再进行操作。

18. 猪肝做菜先洗后泡

要将买回来的猪肝冲洗 10 分钟，然后放在水中浸泡 30 分钟。此外，烹调加工时，为了消灭残存在猪肝里的寄生虫卵或病菌，烹调时间不能太短，至少应该在急火中炒 5 分钟以上，使猪肝完全变成灰褐色，看不到血丝才好。

19. 搅拌肉馅要往一个方向转

搅拌肉馅时，往往是边搅拌边加水，由于是向一个方向搅拌，肉馅显得很"吃水"。搅拌，可使肉中细胞破裂而释放出蛋白质，游离出的肌球蛋白在搅拌力的作用下，使球形的肽链逐渐伸展并相互连接而形成网络结构，大量水分被包在网络组织中，加强了蛋白质的凝胶作用，从而促使肉馅抱团。

若从正、反两个方向来回搅拌肉馅，其网络组织很难形成，吸水量便会大为减少，肉馅数量便会大为减少，肉馅数量便显得少得多了。

20. 速冻食品过关蒸炸烤

蒸——先解冻：用蒸笼或电锅蒸速冻烧卖、包子等前必须先解冻。提前一天或 5 个小时放在冷藏室中解冻，使它们恢复柔软状态后再下锅蒸，这么蒸不至于发生食物外熟内冰情况。另外，如果用微波炉加热，可先在烧卖、包子表面滴上少许水，其作用是防止食物表皮发干，保持良好口感。

炸——炸两次：炸虾、鸡块、薯条等必须用多量的色拉油炸熟。不同的食物要求用不同的油炸温度，最好使用可以测量温度的油炸锅。油炸时，一次不要放入太多数量的冷冻食品，避免油温下降。当食物外皮呈金黄色时，改用大火猛炸一下，这样可以将食物中的油逼出来。

烤——留出间距：比萨饼等一些食物用烤箱烤熟。这类冷冻食品从冰箱取出后，要置于室温中解冻并发酵，放入烤盘时要按食品的大小留出间距，以免受热不均匀。用多高的温度烤，应依照食品说明书调整温度。烤的过程要随时观察，避免烤得时间过长，将食物烤糊。

21. 烹制绿叶菜最好不加醋

绿叶菜在加热烹制过程中，会发生多种多样的化学变化。其中的许多变化都会引起叶绿素的改变。烹饪中最常见的变化是，绿色蔬菜经加热之后，亮绿色消失，生成一种绿褐色。这是因为热加工时产生的酸使叶绿素转变成脱镁叶绿素。科学家在经过热加工的绿色蔬菜中已经发现了 10 种酸，其中使叶绿素遭到破坏的主要是乙酸和吡咯烷酮酸。

醋的有效成分是乙酸，因此，若在烹制绿叶菜时加醋，会使绿色蔬菜迅速变成黄褐色，既破坏了菜肴的美感，又使菜肴营养价值降低，因此，烹制绿叶菜不要加醋。

22. 健康烹调首选蒸煮

最近国外一项研究表明，采取蒸煮这样的烹饪方法要远远好过煎、炸、熏，因为后者对食物营养的破坏不容小觑。专家建议尽量采取低温蒸煮方法烹饪食物。

专家认为，大米、面粉、玉米面用蒸的方法，其营养成分可保存 95% 以上。如用油炸的方法，其维生素 B_2 和尼克酸损失约 50%，维生素 B_1 则几乎损失殆尽。鸡蛋烹饪方法不同，其营养的保存和消化率也不同。煮蛋的营养和消化率为98.5%，而煎蛋消化率为 81%，专家认为吃鸡蛋以蒸煮为最好。再如花生，只有煮着吃，才能保持其营养成分及功效。如果是炸着吃，营养成分将损失一半。

科学研究证实，食物的烹饪温度越高，产生的致癌物质越多，越难被人体消化吸收和代谢。而低温烹饪方法如蒸、煮、炖等最益于人体健康。因为其加工温度均在 100 度上下，不会产生有害物质。因此应大力提倡使用蒸煮方法来烹饪食物，这样不仅能够减少致癌物质的危害，而且有利于消化吸收，特别是料理儿童、老人和体弱者饮食时。

五、烹饪小窍门

- 羊肉去膻味：将萝卜块和羊肉一起下锅，半小时后取出萝卜块；放几块橘子皮更佳；每公斤羊肉放绿豆 5 克，煮沸 10 分钟后，将水和绿豆一起倒出；放半包山楂片；将带壳的核桃两三个洗净打孔放入；1 公斤羊肉加咖喱粉 10 克；1 公斤羊肉加剖开的甘蔗 200 克；1 公斤水烧开，加羊肉 1 公斤、醋 50 克，煮沸后捞出，再重新加水加调料。

- 煮牛肉：为了使牛肉炖得快、炖得烂，加一小撮茶叶（约为泡一壶茶的量，用纱布包好）同煮，肉很快就烂且味道鲜美。

- 煮骨头汤时加一小匙醋，可使骨头中的磷、钙溶解于汤中，并可保存汤中的维生素。

- 煮牛肉和其他韧、硬肉类以及野味禽类时，加点醋可使其软化。

- 煮肉汤或排骨汤时，放入几块新鲜橘皮，不仅味道鲜美，还可减少油腻感。

- 煮咸肉：用十几个钻有许多小孔的核桃同煮，可消除臭味。

- 将绿豆在铁锅中炒 10 分钟再煮能很快煮烂，但注意不要炒焦。

- 煮蛋时水里加点醋可防蛋壳裂开，事先加点盐也可。
- 煮海带时加几滴醋易烂，放几棵菠菜也行。
- 煮火腿之前，将火腿皮上涂些白糖，容易煮烂，味道更鲜美。
- 煮水饺时，在水里放1棵大葱或在水开后加点盐，再放饺子，饺子味道鲜美不粘连；在和面时，每500克面粉加拌1个鸡蛋，饺子皮挺刮不粘连。
- 煮水饺时，在锅中加少许食盐，锅开时水也不外溢。
- 煮面条时加1小汤匙食油，面条不会粘连，并可防止面汤起泡沫、溢出锅外。
- 煮面条时，在锅中加少许食盐，煮出的面条不易烂糊。
- 熬粥或煮豆时不要放碱，否则会破坏米、豆中的营养物质。
- 用开水煮新笋容易熟，且松脆可口；要使笋煮后不缩小，可加几片薄荷叶或盐。
- 猪肚煮熟后，切成长块，放在碗内加一些鲜汤再蒸一会儿，猪肚便会加厚一倍。
- 煮猪肚时，千万不能先放盐，等煮熟后吃时再放盐，否则猪肚会缩得像牛筋一样硬。
- 炖肉时，在锅里加上几块橘皮，可除异味和油腻并增加汤的鲜味。
- 烧豆腐时，加少许豆腐乳或汁，味道芳香。
- 红烧牛肉时，加少许雪里蕻，肉味鲜美。
- 做红烧肉前，先用少许硼砂把肉腌一下，烧出来的肉肥而不腻，芳香可口。
- 油炸食物时，锅里放少许食盐，油不会外溅。
- 在春卷的拌馅中适量加些面粉，能避免炸制过程中馅内菜汁流出糊锅底的现象。
- 炸土豆之前，先把切好的土豆片放在水里煮一会儿，使土豆皮的表面形成一层薄薄的胶质层，然后再用油炸。
- 炸猪排时，在有筋的地方割2～3个切口，炸出来的猪排就不会收缩。
- 将鸡肉先腌一会儿，封上护膜放入冰箱，待炸时再取出，炸出的鸡肉酥脆可口。
- 煎荷包蛋时，在蛋黄即将凝固之际浇一点冷开水，会使蛋又黄又嫩。
- 煎鸡蛋时，在平底锅放足油，油微热时蛋下锅，鸡蛋慢慢变熟，外观美，不粘锅。
- 煎鸡蛋时，在热油中撒点面粉，蛋会煎得黄亮好看，油也不易溅出锅外。
- 用羊油炒鸡蛋，味香无异味。

● 炒鸡蛋时加入少量的砂糖，会使蛋白质变性的凝固温度上升，从而延缓了加热时间，加上砂糖具有保水性，因而可使蛋制品变得膨松柔软。

● 炒鸡蛋时加入几滴醋，炒出的蛋松软味香。

● 炒茄子时，在锅里放点醋，炒出的茄子颜色不会变黑。

● 炒土豆时加醋，可避免烧焦，又可分解土豆中的毒素，并使色、味相宜。

● 炒豆芽时，先加点黄油，然后再放盐，能去掉豆腥味。

● 炒波菜时不宜加盖。

● 炒肉片：肉切成薄片加酱油、黄油、淀粉，打入 1 个鸡蛋，拌匀，炒散；等肉片变色后，再加作料稍炒几下，肉片味美、鲜嫩。

● 炒牛肉丝：切好，用盐、糖、酒、生粉（或鸡蛋）拌一下，加上生油泡腌，30 分钟后再炒，鲜嫩可口。

● 炒肉菜时放盐过早熟得慢，宜在将熟时加盐，在出锅前再加上几滴醋，鲜嫩可口。

● 肉丝切好后放在小苏打溶液里浸一下再炒，特别疏松可口，不论做什么糖醋菜肴，只要按 2 份糖 1 份醋的比例调配，便可做到甜酸适度。

● 炒糖醋鱼、糖醋菜帮等，应先放糖，后放盐，否则食盐的"脱水"作用会促进菜肴中蛋白质凝固而"吃"不进糖分，造成外甜里淡。

● 做肉饼和肉丸子时，1 公斤肉馅放 2 小匙盐。

● 做丸子按 50 克肉 10 克淀粉的比例调制，成菜软嫩。

● 做滑炒肉片或辣子肉丁，按 50 克肉 5 克淀粉的比例上浆，成菜鲜嫩味美。

● 做馒头时，如果在发面里揉进一小块猪油，蒸出来的馒头不仅洁白、松软，而且味香。

● 蒸馒头时掺入少许橘皮丝，可使馒头增加清香。

● 蒸馒头碱放多了起黄，如在原蒸锅水里加醋 2 ～ 3 汤匙，再蒸 10 ～ 15 分钟可变白。

● 将少量明矾和食盐放入清水中，把切开的生红薯浸入十几分钟，洗净后蒸煮，可防止或减轻腹胀。

● 牛奶煮糊了，放点盐，冷却后味道更好。

● 放有辣椒的菜太辣时或炒辣椒时加点醋，辣味大减。

● 烹调时，放酱油若错倒了食醋，可撒放少许小苏打，醋味即可消除。

● 菜太酸，将 1 只松花蛋捣烂放入。

● 菜太辣，放 1 只鸡蛋同炒。

- 菜太苦，滴入少许白醋。

- 汤太咸又不宜兑水时，可放几块豆腐或土豆或几片番茄到汤中；也可将一把米或面粉用布包起来放入汤中。

- 汤太腻，将少量紫菜在火上烤一下，然后撒入汤中。

- 花生米用油炸熟，盛入盘中，趁热撒上少许白酒，稍凉后再撒上少许食盐，放置几天几夜都酥脆如初。

- 菜子油有一股异味，可把油烧热后投入适量生姜、蒜、葱、丁香、陈皮同炸片刻，油即可变香。

- 用菜子油炸一次花生米就没有怪味了，炒出的菜肴香味可口，并可做凉拌菜。

- 炸完食物后的油留下一些残渣并变得混浊，可将白萝卜切成厚圆片，用筷子把萝卜戳几个洞，放入剩油中炸，残渣会附着在萝卜片上，取出清除残渣，再反复放入锅中炸，混浊的油可变清澈。

- 炒菜时应先把锅烧热，再倒入食油，然后再放菜。

- 当锅内温度达到最高时加入料酒，易使酒蒸发而去除食物中的腥味。

- 熬猪油：在电饭煲内放一点水或植物油，然后放入猪板油或肥肉，接通电源后，能自动将油炼好，不溅油，不糊油渣，油质清纯。

- 泡菜坛中放十几粒花椒或少许麦芽糖，可防止产生白花。